STATISTIQUE AGRICOLE

PRIX DU BLÉ

ET

TAXE DU PAIN

Le nombre d'exemplaires prescrit par la loi a été déposé; tous ceux qui ne porteraient pas, en même temps que ma signature, le n° d'ordre d'**un** à **cent cinquante**, écrit de ma main, seraient considérés comme indûment tirés ou contrefaits.

N° d'Ordre.   *Signature de l'auteur.*

RELEVÉ RAISONNÉ

DES

DIFFÉRENTS PRIX DU BLÉ

EN BEAUCE ET AU MARCHÉ DE RAMBOUILLET

De 1539 à 1864

PRÉCÉDÉ

DE NOTES ET DOCUMENTS RELATIFS A L'ORIGINE DU MARCHÉ DE RAMBOUILLET,
ET A L'INSTITUTION DES **Rapports** OU **Mercuriales**

AVEC APPENDICE

DÉDIÉ AU CORPS MUNICIPAL

PAR J.-B. RATTIER,

Rédacteur de la Commission d'Appréciation du prix des Grains (M. H. 1859)
et membre du Conseil de la commune.

RAMBOUILLET

RAYNAL, IMPRIMEUR, RUE IMPÉRIALE, N° 43

1865.

SOMMAIRE.

1º Indication des causes ayant donné lieu à de notables fluctuations.

2º Récit des principaux épisodes des plus mémorables disettes ou famines.

3º Relation d'étranges phénomènes produits sur les récoltes par le déréglement des saisons.

4º TAXE du PAIN, depuis sa constatation au greffe du bailliage de Rambouillet (année 1742).

5º TABLEAU de la valeur moyenne, par périodes décennales, tant de *l'hectolitre* de blé que du *kilogramme* de pain.

6º Le Poids du grain de chaque récolte, constaté administrativement.

A MESSIEURS

Les Maire, Adjoints et Conseillers municipaux
de la Ville de Rambouillet.

Messieurs et très-honorés collègues,

Encouragé par la bienveillante satisfaction que vous m'avez témoignée pour la confection de la *Table analytique de vos délibérations*, je n'ai pas hésité à vous offrir l'hommage de cette statistique où sont rapportés des faits qui honorent au plus haut point le civisme d'hommes dont l'enviable succession vous a été léguée par la haute confiance du Souverain et par le libre suffrage de vos concitoyens.

D'ailleurs, le travail que j'ai cru devoir entreprendre ayant particulièrement trait à l'alimentation publique, objet de votre constante sollicitude, il m'a semblé qu'une telle production ne pouvait, à tous égards, paraître sous d'autres auspices que les vôtres, et qu'à vous seuls en appartenait la dédicace.

Je suis bien parfaitement,
Messieurs et très-honorés Collègues,
Votre affectionné et dévoué serviteur,

RATTIER.

TIMBRE
IMPERIAL
OISE

OBSERVATIONS PRÉLIMINAIRES.

La *mention honorable* que j'obtenais, en 1859 [1], alors
que je n'avais encore fait aucune *statistique* rétrospective,
semblait m'imposer l'obligation de me livrer, en dehors
des travaux ordinaires de notre commission [2], à la re-
cherche de documents propres à établir, depuis le plus
grand nombre d'années possible, la progression et les notables fluctuations du prix du blé, et aussi à renseigner
tant sur les diverses causes des disettes que sur les moyens
employés pour en conjurer le retour ou en amoindrir les
effets.

Pénétré de cette pensée, convaincu des avantages de la
compilation de tels documents, au double point de vue de

---

(1) *Moniteur universel* du 24 décembre. — Rapport à l'Empereur.

(2) Mes honorables collaborateurs, dans les travaux de cette Commission,
sont : MM. LEFEBVRE et BOURGEOIS, anciens agriculteurs-propriétaires.

la question alimentaire et de l'histoire locale ; désireux d'acquérir, par mon labeur, quelques droits au témoignage de bienveillance dont j'avais été prématurément l'objet, je me suis mis résolûment à l'œuvre, et j'ai la conscience d'avoir accompli, sinon avec méthode, du moins avec une scrupuleuse exactitude, la tâche aride que j'ai cru devoir entreprendre.

Ce travail, divisé en trois parties, comprend :

Dans la PREMIÈRE, de 1539 à 1581, le prix du *setier* de blé, en Beauce, établi sur les données historiques qu'il m'a été possible de me procurer.

Dans la SECONDE, de 1682 à 1801, le prix du *setier* de blé et de la *livre* de pain, à Rambouillet, suivant les mercuriales officielles.

Et dans la TROISIÈME PARTIE, de 1802[1] à 1864, le prix de l'*hectolitre* de blé et du *kilogramme* de pain, suivant les mêmes mercuriales.

J'aime à croire que mes honorés concitoyens, à qui j'offre plus particulièrement le fruit de mes recherches, ne liront pas sans quelque intérêt les notes dont je fais précéder ma statistique, et qui ont rapport à des particularités locales fort peu connues, sinon complétement ignorées de la plupart d'entre eux.

Initié par de précédentes recherches[2] aux détails de bien douloureux évènements inhérents à mon sujet, j'ai cru devoir mettre en regard des années auxquelles ils se rap-

---

(1) Epoque de l'adoption du système décimal, dans l'établissement de nos mercuriales.

(2) Faites à l'occasion de la confection de la *Table analytique des délibérations municipales.*

portent les principaux épisodes de ces temps calamiteux
d'où surgirent, à côté de bien déplorables excès, de nobles
et généreuses actions, de sublimes et héroïques dévoû-
ments : témoin l'évangélique abnégation de l'évêque de
Chartres[1] et l'éclatant civisme du maire d'Etampes[2],
« MORT AU LIT D'HONNEUR, EN DÉFENDANT LES LOIS. »

Il m'a paru d'autant plus à propos de rapporter ces émou-
vants épisodes, que la plupart des faits qui s'y rattachent
sont pleins de salutaires enseignements pour ceux qui n'at-
tribuent le renchérissement des denrées qu'à la cupidité
des accapareurs, ne comptant ainsi pour rien les désastreux effets des intempéries ; et pour ceux-là surtout
qui, le cas échéant, seraient encore tentés de recourir à la
violence, que la loi sait toujours réprimer, et dont le
coupable usage n'eut jamais pour résultats que l'accroissement de la pénurie et le déchaînement de toutes les plus
mauvaises passions.

---

(1) Mgr DE MONSTIERS DE MÉRINVILLE.

(2) M. SIMONNEAU. — Voir l'acte d'inhumation à l'*Appendice*, et le procès-verbal de la séance municipale de Rambouillet du 2 mai 1792.

NOTES ET DOCUMENTS HISTORIQUES.

I.

Du Marché de Rambouillet : de sa Création; de son Importance; de ses divers Emplacements, et de Faits y relatifs.

Ce marché, cité dans l'histoire de la Beauce comme « considérable en grains, » remonte incontestablement à une époque très-reculée; dès 1399, il était mentionné dans un *adveu et dénombrement* rendu par Renault d'Angennes, seigneur de Rambouillet, à Jean de Craon, seigneur des Essarts-le-Roi, de qui il relevait immédiatement.

En avril 1595, Henri IV accordait à Nicolas d'Angennes des lettres-patentes, qui furent enregistrées au bailliage de Montfort, le 18 mai suivant, et dans lesquelles il est dit que « ce marché, se tenant tous les jours de samedys de l'année, continuera à être franc de vente et achapt ; qu'il est permis à tous marchands et autres de le hanter et fréquenter pour y trafiquer, troquer et débiter le bestial, les grains et les marchandises de toutes sortes et qualités. [1] »

Le 25 août 1705, messire Fleuriau d'Armenonville, marquis de Rambouillet, obtint de Louis XIV de nouvelles lettres-patentes, confirmatives de celles de 1595, lui octroyant, outre le droit d'étalage, celui « de minage [2] et de mesurage, sur tous les grains vendus les jours de marchés, tant publiquement que dans les chambres et greniers du bourg. »

Ces droits qui, en 1776, se percevaient encore au profit du duc de Penthièvre, étaient : « pour le *minage*, d'un sou par chaque septier de bled, d'avoine et d'orge; de deux sous par septier de pois, vesce, lentilles et fèves ; et pour le mesurage, de six deniers par septier de toutes espèces de grains [3]. »

Dans les diverses publications faites, en 1705 et 1738, lors de l'avénement des seigneurs ci-dessus nommés, il est dit « que le marché se tiendra, comme par le passé, entre le cimetière [4] et la garenne du Chenil [5]. »

---

(1) Archives de la Liste civile, à Paris. — Documents authentiques communiqués à l'auteur par M. A. Moutié, correspondant du Ministère de l'instruction publique, etc., etc.

(2) Droit de place, dû en raison du nombre de mines ou setiers exposés en vente.

(3) Exposé du procureur fiscal du bailliage, dans son mémoire au Conseil (année 1776), ou il est dit « que S. A. S. abandonne le droit de mesurage aux gens commis pour y procéder. »

(4) Ce cimetière, qui occupait l'emplacement des fours à plâtre, récemment acquis par l'État, a été transféré, en 1788, au centre de la Garenne où il est aujourd'hui.

(5) Distraite du Domaine de la Couronne par la loi du 25 mars 1831,

En 1743, par suite de changements opérés sur la route
de Chartres, et aussi en raison de l'extension donnée tant
« au vieux verger [1] » qu'aux bâtiments de l'ancienne vénerie, le marché fut reporté sur la principale place du
bourg, circonscrite alors entre la maison de justice seigneuriale [2] et la Poste aux chevaux, située en face la rue
des Juifs, aujourd'hui rue de Paris.

L'ouverture du marché sur ce nouvel emplacement eut
lieu « le samedy 6 juillet de ladite année 1743. »

En raison de l'exiguité « du carreau de la halle, » le commerce des grains, à cette époque, se faisait en grande partie
dans les dépendances des hôtelleries avoisinant le marché,
où se percevaient également les droits seigneuriaux.

Cet état de choses, toutefois, ne dura que fort peu de
temps. Dès 1745, le duc de Pentièvre, « en vue de faire
arriver le plus de grains possible sur place et de protéger
les étalagistes et chalands contre toute nuisance, » fit
construire, à l'encontre des dépendances de la Poste, une
halle couverte [3] « destinée au trafic de toutes autres marchandises et denrées. »

---

cette garenne est, dès à présent, presque entièrement couverte d'habitations
et de jardins où se voient encore quelques vieux chênes, témoins de son
origine seigneuriale.

(1) Ce verger, qui borde le côté droit de la rue de l'Embarcadère, et dans
lequel vient d'être construite la maison du receveur des finances, fut créé
pas le comte de Toulouse ; il a été aliéné en 1834, en vertu de la loi du
2 mars 1832.

(2) C'est sur l'emplacement de cette maison, qu'a été bâti, en 1787, le su-
perbe hôtel du bailliage, siége actuel de la Mairie et des Tribunaux.

(3) Cette halle, ainsi que les bâtiments auxquels elle était adossée, furent
démolis en 1789, pour l'agrandissement de la grande place actuelle (*Exposé
du Procureur fiscal dans son mémoire déjà cité*).

En 1784 , Louis XVI, « cédant aux vœux des habitants, » leur octroya un second marché, à tenir le mardi de chaque semaine, où devaient également se vendre les grains et les marchandises de toutes sortes. »

L'établissement de ce second marché, dont le besoin ne s'était fait sentir qu'à cause de l'accroissement de la population, dû au nombreux personnel de la maison du Roi et à l'affluence d'ouvriers venus de toutes parts pour exécuter les grands et nombreux travaux [2] ordonnés par le prince ; ce second marché, dis-je, ne tarda pas à perdre de son importance et cessa complétement d'exister « par suite des malheurs que la Révolution fit plus particulièrement peser sur Rambouillet[3]. »

Le 6 germinal an II de la République (26 mars 1794), le Conseil général de la commune arrêta que le marché aux grains et à la farine, se tiendrait à l'avenir dans le « TEMPLE DE LA RAISON. »

Ainsi nommée en ces jours néfastes, l'Église, déjà tant de fois profanée, eut encore à subir cette sacrilége transformation, et ses vieilles voûtes, vers lesquelles s'étaient élevés si souvent d'harmonieux et divins cantiques, durent retentir, au marché suivant, des vociférations de la foule et des lazzis des portefaix.

Sans pouvoir préciser exactement la durée de cette indigne profanation, je peux au moins constater que, dès

---

(1) *Lettres patentes* du mois de juin, enregistrées au parlement le 13 juillet suivant.

(2) Les Communs du château, l'Hôtel de Ville, le Quartier de cavalerie, l'Hôtel du Gouverneur ; la Vénerie, la Laiterie, la Ferme modèle, etc., etc.

(3) Termes de l'arrêté municipal du 5 avril 1810, ci-après rapporté.

l'année suivante , « *les marchands furent chassés du temple* » pour la célébration de la Fête-Dieu [1].

Un arrêté municipal, du 5 avril 1816, rétablit le marché du mardi, mais « uniquement pour la vente des légumes et fruits, œufs, beurre, fromage, gibier, volaille et poisson de toute espèce. » Ce marché, fort peu fréquenté dès son début, ne tarda pas à être de nouveau complétement abandonné, pour cause de difficultés dans l'écoulement de la plupart des denrées.

En 1843, le Conseil municipal, dans sa séance du 9 janvier, prit une décision portant qu'il serait fait les diligences nécessaires pour être autorisé à reporter au jeudi ce malencontreux marché, qui devait être affecté « *exclusivement* au commerce des fourrages et des veaux, » et dont le nouvel emplacement était indiqué sur la place de la Foire.

Je n'ai trouvé nulle part aucun indice du résultat des démarches administratives, mais j'ai la certitude que ce marché, plus ou moins sollicité, n'a jamais existé de fait.

Aujourd'hui, l'unique marché de Rambouillet, celui du samedi, dont l'importance relative s'est toujours maintenue, se tient sur deux places parfaitement disposées et d'un accès facile ; l'une, celle principale, est affectée au commerce des grains, issues et produits de basse-cour ; l'autre, à la vente des légumes, fruits, viandes, poissons, etc. Ces deux places ne sont séparées que par l'Hôtel-de-Ville [2], dont le vaste sous-sol fut originairement disposé pour recevoir les grains amenés en semaine, et pour

---

(1) Procès-verbal de la séance municipale du 15 prairial an III (2 juin 1795).

(2) C'est sous cette dénomination que NAPOLÉON Ier a fait don « aux habitants de Rambouillet » du bel hôtel de l'ancien bailliage (brevet du 24 mars 1809).

resserrer ceux invendus ou non livrés les jours de marchés.

En 1855[1], une partie de ce sous-sol a été transformée en locaux et ajoutée à la location du tribunal de première instance ; mais au moyen de l'usage qui s'est introduit dans le mode de vente des céréales, ce qui reste de ces spacieuses serres suffit encore, et au-delà, à tous les besoins du service des halles.

A ce sujet, je dois mentionner que depuis environ trente ans, les deux tiers, au moins, des grains de toute nature sont vendus sur échantillons, et le plus souvent au poids, livrables directement de la ferme au moulin ou en gare du chemin de fer.

Pour donner une idée plus exacte de l'importance de la réduction des *apports*, je constate ici, mercuriales en main, qu'antérieurement à l'innovation signalée, il s'est trouvé « *sur le carreau de la halle* » jusqu'à HUIT MILLE HECTOLITRES de grains[2], et qu'aujourd'hui il nous arrive rarement d'avoir à constater *sur place* un approvisionnement de plus du quart de cette quantité.

---

(1) Délibérations municipales des 1er et 9 décembre 1851.

(2) Voir mercuriales de 1798, 1799, notamment celles des 14 floréal an VII, 7 ventôse an IX et 28 décembre 1816.

II.

Des Rapports ou Mercuriales, de leur institution, et des diverses formes de l'appréciation.

Ce fut François Ier, à qui le récent désastre de 1536[1] venait de remémorer les affligeants épisodes de 1531[2], qui, « en vue d'obvier à de telles calamités par toutes sortes d'estudes et d'observations, » ordonna[3] qu'en tous les siéges de juridictions du royaume, il serait fait, chaque semaine, un rapport du prix « *de toutes espèces de gros fruits* » vendus sur les marchés.

---

(1) Cette année « le roi redoutant l'invasion de la Provence par Charles-Quint, et voulant priver son armée de vivres, prit la terrible résolution de faire ravager tout le pays situé entre les Alpes et la Durance. » Ce moyen extrême vint ajouter à la rareté du blé, causée par l'extrême sécheresse qui détermina le chapitre de Chartres à faire sonner tous les jours, de la *Quasimodo* à la *Trinité,* la cloche nommée Anne de Bretagne. » (*Histoire de France* et *Annales de Chartres.*

(2) La cherté fut si grande cette année, que l'on faisait du pain de fougères. Les pauvres gens se nourrissaient de mauves cuites avec du son, ce qui occasionna beaucoup de maladies. (*Annales de la Beauce,* 1531.)

(3) Ordonnance de 1539 (art. 102, 103 et 104).

On désignait ainsi, à cette époque, non seulement les grains et fourrages, mais encore le vin et nombre d'autres denrées de consommation journalière.

Quelques modifications, devenues nécessaires, furent apportées, en 1667, dans les dispositions réglementaires de l'ordonnance précitée, dont le principe n'a jamais cessé d'être en vigueur.

Dès l'année 1692, les objets étrangers aux céréales étaient retranchés du rapport des appréciateurs, et depuis lors, l'appréciation ne se fit plus que sur le blé, le seigle, l'orge, l'avoine, et par exception, en temps de disette seulement, sur le sarrasin, les pois gris et le gland.

En 1790, et comme conséquence naturelle du régime municipal, le rapport du prix des grains qui, jusqu'alors, avait été fait au greffe du bailliage, par deux appréciateurs-jurés [1], fut consigné sur un registre *ad hoc*, ouvert à la Mairie, sous la nouvelle dénomination de *mercuriales*.

C'est donc à la sage et prévoyante institution que je viens de rappeler, que je dois d'avoir pu retrouver, d'année en année, dans l'histoire de la Beauce, et de semaine en semaine, dans nos archives municipales, la fixation officielle de prix si étrangement disparates, durant une période de trois siècles et plus.

Ce n'est pas sans une sorte d'orgueil que je constate ici que Rambouillet, ma ville natale, est peut-être la seule commune de France possédant une aussi complète collection de *mercuriales* : 9,500 environ !

Le classement que j'ai eu mission de faire de ces nom-

---

(1) Ces appréciateurs qui, en ce temps, étaient nommés par le bailli, sur la présentation du procureur fiscal, sont maintenant désignés et nommés par le maire.

breux documents, précédemment confus et épars, m'a mis
à même de pouvoir constater qu'il n'existe de lacune dans
l'appréciation du prix des grains, que du 18 mai 1793 au
29 germinal an III (18 avril 1795), phase révolutionnaire
pendant laquelle « la volonté du peuple[1] » et le *maximum*
furent substitués aux mercuriales et à la taxe municipale.

---

(1) Procès-verbaux des séances municipales des 10 et 17 mars 1792; et
rapport du 15 septembre même année.

PREMIÈRE PARTIE.

PRIX DU SETIER DE BLÉ

En Beauce, au jour de saint Remi (1er octobre), de 1539 à 1681

> « Le blé, cette précieuse denrée dont
> « la cherté fut si souvent la cause de
> « cruelles souffrances et d'affreux dé-
> « sordres, a toujours été l'objet de la
> « sollicitude des gouvernements ; de
> « tout temps les chefs et les agents de
> « l'administration ont été appelés à user
> « des divers moyens propres à en assurer
> « l'abondance et la libre circulation. »
> *Anciens édits et ordonnances.*
> Fournel (*Lois rurales*).

Doyen, dans son *Histoire de la ville de Chartres, de la Beauce et du pays chartrain*[1], rapporte que « jusqu'à la fin du XIIIe siècle, le blé n'a valu que 5 sous le setier ; dans le XIVe siècle, 10 sous, et dans le XVe siècle, à part les années 1417 et 1418[2], il ne valait encore que 20 sous ;

---

(1) Dédié à S. A. S. Mgr. le duc d'Orléans et de Chartres, 1786.

(2) Pendant ces deux années de troubles continuels, « il y eut une famine dans la ville de Chartres ; il n'y arrivait ni blé ni autres denrées nécessaires à la vie ; presque toutes les terres de la Beauce restèrent en friche. » *Manus- crits* de Souchet.

2

mais que, vers le milieu du XVIe siècle, le commerce prenant quelque vigueur, les variations de prix devinrent sen-
sibles. » C'est ainsi que dans le court espace des six premières années de ce relevé, de 1539 à 1545, il s'éleva
de 30 sous à 4 livres 10 sous.

Voici, par année, au rapport de Doyen, « les différents
prix du bled froment : »

En 1539   Le setier, de 4 minots, mesure de Chartres[1],
             valait. . . . .   1 l. 10 s.
   1540   1   13
   1541   2   8
   1542   1   10
   1543   2   »
   1544   2   10

             « L'hiver fut si rigoureux cette année, que
             le vin gela dans les tonneaux[2]. »
   1545   Le setier de blé monta à 4 l. 10 s.

             La cause de ce grand renchérissement sur
             l'année précédente est clairement indiquée
             par cette citation : « Plus de la moitié des
             « grains en terre furent atteints de la gelée
             « dans le courant du dernier hiver. » (*Notes*
             de Fréron, bailli de Gallardon, *sur la coutume
             de Chartres.*)
   1546   Il ne valut plus que 1 l. 10 s.
             Cette année d'abondance sans pareille,
             disait Souchet, en 1611, est encore appelée

---

(1) Le minot, en usage à Chartres, contenait 31 litres 71 centilitres, ce
qui donnait pour le setier 126 litres 64 centilitres, 12 litres 76 centilitres
en moins que le setier de Rambouillet.

(2) Relevé des grands hivers. *Moniteur universel* du 17 juin 1864.

assez communément dans nos campagnes *l'année du bon Dieu.* »

1547	Il descendit à . .	1 l.	5 s.
1548	. . . .	1	12
1549	. . . .	2	3
1550	. . . .	2	»
1551	. . . .	2	13
1552	. . . .	2	3
1553	. . . .	1	18
1554	. . . .	1	12
1555	. . . .	2	10
1556	. . . .	3	10
1557	. . . .	1	16
1558	. . . .	2	5
1559	. . . .	2	10
1560	. . . .	2	15
1561	. . . .	3	10
1562	. . . .	5	»
1563	. . . .	2	8
1564	. . . .	3	12
1565	. . . .	6	16
1566	. . . .	4	4
1567	. . . .	4	2
1568	. . . .	3	2
1569	. . . .	3	10
1570	. . . .	3	14
1571	. . . .	5	8
1572	. . . .	8	»
1573	. . . .	8	»
1574	. . . .	4	5

1575 . . . . 4 l. 8 s.
1576 5   2
1577 3   10
1578 3   2
1579 3   14
1580 3   10
1581 3   13
1582 5   18
1583 4   16
1584 4   11

« Année de grande verse. » (*Notes* de
Fréron.)

1585 . . . . 7 l. 12 s.
1586 12   15
1587 5   12
1588 4   10
1589 6   2
1590 5   15
1591 5   10

« Le 21 avril, surlendemain de la reddition
« de Chartres, Henri IV étant sur son départ,
« le maréchal de Biron fit faire un inventaire
« de tous les grains qui étaient dans la ville,
« et par suite, exigea une levée de 1,850 muids
« de blé qu'il envoya aux magasins du Roi. »
(*Détails du siége de Chartres par Henri IV.*)

1592 . . . . 5 l. 17 s.

« Le 12 février, M. De La Trémouille et le

---

(1) Le muid se composait de 12 setiers ou 24 mines.

1592   « maréchal d'Aumont exigèrent encore une
       « levée de 400 muids de blé, qu'ils firent con-
       « duire par eau, de Nogent-le-Roi à Rouen,
       « au camp de Sa Majesté. » (*Idem.*)

Ces réquisitions successives, quelque considérables qu'elles fussent, 27,000 setiers, n'in-
fluèrent pourtant que faiblement sur les cours,
puisque l'année suivante,

1593, le blé ne valut que   6 l.   2 s.

1594   9   17
1595 10   3
1596 10   2
1597   9   9
1598   5   »
1599   4   10
1600   4   7

L'hiver de cette année est mis, suivant plusieurs historiens, au nombre « des plus rigoureux. »

1601 . . . .   3 l. 16 s.

« Année d'abondance en tous fruits, en la-
« quelle on vit, pour la dernière fois, le blé
« descendre à 3 livres le setier. » (Souchet,
Mémoires.)

1602 . . . .   5 l. 1 s.
1603   5   5
1604   4   16
1605   4   14
1606   5   8
1607   6   6
1608   6   15

1608   « Cette année, longtemps appelée celle du
« *grand hiver*, l'on eut de sérieuses inquié-
« tudes sur l'état des blés en terre, qui cepen-
« dant ne souffrirent aucunement de l'extrême
« abaissement de la température. » Le Journal
de Henri IV, dans d'intéressants détails sur
ce rigoureux hiver, rapporte « qu'un grand
« nombre de personnes périrent par le froid,
« et que, le 23 janvier, le pain gela sur la
« table du Roi. »

1609	4 l.	13 s.
1610	5	2
1611	5	3
1612	4	15
1613	5	4
1614	4	17
1615	4	15
1616	5	6
1617	7	7
1618	5	19
1619	4	14
1620	4	19
1621	7	»
1622	8	4

Les hivers de ces deux dernières années
« furent très-rudes en Europe. » La hausse
sensible qui s'est opérée à ces époques a eu
nécessairement pour cause les désastreux effets
de la gelée sur les blés en terre.

1623	6 l.	7 s.

1624 . . . . 5 l. 16 s.
1625 9   2
1626 9   16
1627 7   »
1628 5   17

« Durant les mois de septembre et octobre,
« la peste était à Chartres et ès-environs. »

1629 . . . . 6 l. 11 s.

« La peste de l'année précédente reparut à
« Chartres en juillet et ne cessa qu'en no-
« vembre, après avoir emporté un grand
« nombre de personnes de toutes classes ; les
« chanoines furent dispensés de la résidence,
« et il n'en resta que peu, des plus zélés, pour
« faire le service. » (*Annales de Chartres,* années 1628 et 1629.)

La présence de ce terrible fléau, au centre
d'une contrée si essentiellement agricole, devait avoir pour effet naturel le renchérissement
des grains, conséquence inévitable « du décou-
« ragement du laboureur, qu'un sauve-qui-
« peut général avait longuement privé de la
« plupart des bras. » Aussi, en

1630, le blé valut . . . 12 l.   8 s.
1631 9   6
1632 8   7
1633 6   15
1634 6   9
1635 6   14
1636 7   5

1637 . . . . 6 l. 15 s.
1638 6   »
1639 5   19
1640 6   17
1641 6   10
1642 9   6

« La *vérure* et le mulot causèrent, cette an-
« née, des dégâts considérables aux grains. »

1643 . . . . 11 l. 4 s.

Cette élévation de prix fut la conséquence
du manque de récoltes de l'année précédente.

1644 . . . . 7 l. 18 s.
1645 5   19
1646 6   14
1647 9   3
1648 . . . . 10 15
1649 . . . . 14 15
1650 14   8
1651 15   6

« Pendant ces trois dernières années, les
« guerres de la Fronde, qui avaient pour
« théâtre principal une grande partie de l'Ile-
« de-France, donnèrent lieu à de forts en-
« lèvements de grains en Beauce et en Hure-
« poix[1], où le blé atteignit un prix excessif. »
Si les environs de Chartres et de Rambouillet avaient à souffrir de cette grande cherté,

----

(1) Partie de l'Ile-de-France, dont Dourdan était la capitale. (**Meissas,**
Complément de l'Académie.)

1651 les contrées voisines étaient bien autrement
éprouvées. « Les abondants alentours de Dour-
« dan et d'Étampes étaient totalement dévas-
« tés ; cette dernière ville, assiégée par Tu-
« renne, était sans vivres. » (*Histoire de
France*, ab. de Mézeray.) Laporte, dans ses
Mémoires[1], dit « qu'en ce même temps, après
« la levée du camp de Saint-Georges, et pen-
« dant que le laboureur désolé pleurait sur
« son champ ravagé la veille de la moisson, il
« a vu, sur le pont de Melun, trois enfants sur
« leur mère, morte de faim, l'un desquels la
« tétait encore. »

1652	10 l.	19 s.
1653	10	6
1654	6	»
1655	6	»
1656	6	5
1657	6	8
1658	8	10
1659	9	10
1660	8	»
1661	18	15

« L'extrême médiocrité de la récolte, occa-
« sionnée par la *reculée* des semailles qui
« n'avaient pu commencer qu'aux abords de
« la Saint-Martin, éleva subitement le prix du
blé. » (*Annales de Chartres*.)

---

(1) *Histoire de France* (année 1651).

1662 . . . . 13 l. 4 s.

Et cependant « il y eut cette année abon-
« dance de tous fruits. »

1663 . . . . 9 l. 8 s.

Jean Liron, dans sa *Bibliothèque des auteurs
chartrains*, dit que, « malgré la rigueur de l'hi-
« ver, qui avait commencé dès le 5 décembre
« 1662 et qui dura jusqu'au 8 mars suivant,
« les biens de la terre n'eurent aucunement à
« souffrir de l'excessive intensité de la gelée ;
« que la récolte des grains fut encore plus
« abondante que la précédente, ce qui amena
« grande baisse à l'approche de la moisson. »

1664 . . . . 8 l. 10 s.

1665 . . . . 8 12

« En cette année, où l'on commença à em-
« ployer le thermomètre pour mesurer l'in-
« tensité de la chaleur et du froid, il marqua
« à Paris 21 degrés 2 dixièmes au-dessous de
« zéro. »

On voit, par le maintien du prix du blé, que
ce froid excessif ne fut nullement préjudiciable
aux récoltes en terre.

1666 . . . . 6 l. 17 s.

1667 . . . . 5 15

1668 . . . . 5 7

1669 . . . . 5 12

1670 . . . . 5 11

1671 . . . . 5 19

1672 . . . . 4 13

1673 . . . .   5 l. 6 s.
1674   8   5
1675   6   15
1676   6   16
1677   9   4
1678 . . . . . · 10   4
1679   8   5
1680   8   8
1681   7   17

« Vers le milieu du printemps de cette an-
« née, une terreur subite s'empara de tous
« les esprits à l'occasion d'une sécheresse telle,
« que, de mémoire d'homme, il n'en était ja-
« mais arrivé une pareille [1]. »

Jacques Anquetin [2], dans la longue descrip-
tion qu'il fait de ce mémorable événement, ra-
conte que « cette sécheresse donna lieu de
« craindre une disette de tous les fruits de la
« terre ; que Mgr de Villeroy, évêque de
« Chartres, ordonna des prières publiques
« dans tout le diocèse et une procession géné-
« rale à Josaphat [3], qui fut faite avec beaucoup
« de solennité. »

Ce qui prouve, comme nous l'apprend d'ailleurs l'historien, que « ces prières furent

---

(1) *Annales de Chartres* (année 1681).

(2) Greffier de la ville de Chartres, auteur de *la Beauce desséchée* (in-8o imprimé à Chartres).

(3) Abbaye où se fit porter Henri IV malade, durant le siége de Chartres, en 1591.

1681 « promptement et pleinement exaucées, c'est
« que, d'après le rapport de la même année,
« le bled, dont on avait refusé commerce à
« 26 livres, ne valait plus à la Saint-Remy que
« 7 l. 17 s. »

DEUXIÈME PARTIE.

PRIX DU BLÉ [1] ET TAXE DU PAIN A RAMBOUILLET

DE 1682 A 1801

(ANCIENS POIDS ET MESURES.)

Le setier de blé, mesure locale [2], a valu

En 1682 . . . . 7 l. 13 s.
  1683 . . . . 9 14
  1684 . . . . 12 15
      « Année peu abondante; le blé haussa à par-
      « tir de la mi-juin. »
  1685 . . . . 6 l. 18 s.
  1686 . . . . 7 5
  1687 . . . . 6 12
  1688 . . . . 7 4

---

(1) **Les prix** indiqués portent toujours sur la première qualité de froment provenant de la dernière récolte, et sont relevés sur la mercuriale du marché le plus rapproché du 1er octobre.

(2) **A Rambouillet**, où la mesure était la même qu'à Maintenon, le setier contenait 139 l. 40 c. (12 l. 76 c. en plus que celui de Chartres). Extrait de la *Table de conversion des anciennes mesures*, publiée officiellement en l'an X.

1689 . . . . 7 l. 5 s.

1690 . . . . 6 12

1691 . . . . 6 12

 « La régularité des saisons, et aussi la com-
« plète stagnation du commerce dans ces temps
« de guerre maritime, ne donnèrent lieu, pen-
« dant ces sept dernières années, qu'à de très-
« faibles variations dans le prix du blé[1]. »

1692 . . . . 9 l. 5 s.

1693 . . . . 17 10

 « Les grains et autres fruits ayant eu fort à
« souffrir d'un hiver pourissant et des frimats
« tardifs, le blé augmenta sensiblement à par-
« tir de la mi-mars. »

1694 . . . . 29 l. 15 s.

 « Le manque de froment, par suite d'un
« mauvais *hivernage*, et l'*échaudement* de la
« plupart des seigles et du marsage, firent que
« toutes les denrées étaient d'une grande ra-
« reté et hors de prix. Jamais le blé n'avait
« été si cher ! »

 « Cette année, dit l'abbé Prévost[2], Mgr Des-
« marets[3], touché des souffrances des pauvres
« de son diocèse, leur abandonna les revenus
« de son évêché et vendit pour eux toute sa
« vaisselle d'argent, *consistant en* UNE CUILLER
« ET UNE FOURCHETTE. »

---

(1) *Histoire de la guerre de Flandre*, par Rousseau d'Angerville.

(2) Prédicateur du Roi. — *Oraison funèbre de Mgr Desmarets* (21 janvier 1710.

(3) Oncle et prédécesseur de Mgr de Mérinville (*voir année* 1739).

L'illustre enfant de DOURDAN[1], témoin de
ces grandes misères, en a fait *métaphorique-
ment* un bien douloureux récit : « On voit,
« dit le grand moraliste, certains animaux fa-
« rouches, des mâles et des femelles, répandus
« dans la campagne, noirs et livides, attachés
« à la terre qu'ils fouillent et qu'ils remuent
« avec une opiniâtreté inconcevable ; ils ont
« une voix articulée, et quand ils se lèvent
« sur leurs pieds, ils montrent une face hu-
« maine, et en effet ils sont des hommes. Ils
« se retirent la nuit dans des tanières, où ils
« vivent *de pain noir, d'eau et de racines.* »

1695 . . . . 11 l. 5 s.

    « Année d'abondance tout à fait extraordi-
« naire. »

1696 . . . . 7 l. 2 s.
1697 11   4
1698 13   10
1699 18   5

    « Cette année, les grains souffrirent beau-
« coup de gelées survenues à la fin de février,
« et surtout des dégels qui s'opéraient dans la
« journée par l'effet d'un soleil presque brû-
« lant[2]. »

1700 . . . . 16 l. » s.
1701 13   10
1702 10   »

---

(1) Jean DE LA BRUYÈRE, né en 1644, mort en 1696.

(2) *Annales* déjà citées. — *Traité de la maladie des grains* (Tessier, 1783).

1703 . . . . 9 l. 10 s.
1704 9   10
1705 8   10
1706 6   15
1707 6   »
1708 11   10

Au marché du 7 janvier de cette année, il était descendu à   5 l. 10 s.

1709 68   »

Comme il se voit, en moins de huit mois, le blé décupla de valeur ! « Cette hausse, dont
« il n'y eut jamais d'exemple, fut le résultat
« d'un hiver désastreux qui, pourtant, ne
« commença à faire sentir sa rigueur que le
« 5 février de la présente année. L'intensité
« du froid fut telle, que la presque totalité des
« semences confiées à la terre fut détruite, et
« qu'il n'y eut de ressource que dans la ré-
« colte des grains de *marsage*, que le labou-
« reur sema en aussi grande quantité et aussi
« longtemps qu'il lui fut possible. »

En raison du douloureux intérêt qui se rattache à ce mémorable hiver, et aussi à cause de certaines anomalies qu'il m'a paru utile de soumettre aux méditations des hommes pratiques, j'indique ici la marche progressive de l'élévation des prix, tant du blé que des autres grains employés aux réensemencements.

Au marché du 16 février, « le bon froment »

1709 (suite) « ne valait encore que 16 livres 15 sous ; au
« marché suivant, il valut 23 livres. »

Il est à remarquer qu'au marché du 13 avril,
alors que le blé ne dépassait pas encore
29 livres, « l'orge, qu'en cet anxieux moment
« le laboureur nommait son *grain de salut,* »
acquit une valeur supérieure à celle du blé de
première qualité, et valut 36 livres !

Le 18 mai, le *sarrazin* qui, dans le *rapport*
du marché de ce jour, est substitué à l'orge
qu'il n'était plus possible de semer, s'est vendu
« *dix livres le minot,* » 40 livres le setier, prix
égal à celui du « bon blé froment. »

Cette étrange et brusque substitution me
porte naturellement à croire que le sarrazin,
qui, en ce temps comme de nos jours, n'était
cultivé ici que pour la consommation de la
basse-cour, contribua cette année à la nourri-
ture de l'homme ; et ce qui semble ne laisser
aucun doute à cet égard, c'est que ce grain
grossier, payé au poids de l'or, figurait pour
la première fois sur la mercuriale, et que, dès
l'année suivante, il cessa d'être compris dans
l'appréciation du prix des céréales.

Du 6 juillet au 17 août, le prix du blé varia
de 45 livres 10 sous à 49 livres 10 sous.

Au marché du 7 septembre, il valut 60 livres.

Le samedi suivant, la hausse fut à son apo-
gée : *Le blé valut 70 livres, le seigle 50 livres
et l'orge 32 livres.*

1709 (suite)   « Cette année, dit Mézerai, la famine qui
            « désola le royaume fut une ressource pour la
            « guerre : on se fit soldat pour avoir du pain,
            « et pourtant les vivres n'étaient guère plus
            « assurés à l'armée, où, d'ordinaire, les appro-
            « visionnements n'étaient faits que pour un
            « jour, et souvent pour une demi-journée
            « seulement. »

            D'accord avec cet historien, Noël, dans ses
            Éphémérides, dit que « l'intensité du froid fut
            « telle [1], que tous les fruits de la terre péri-
            « rent, ce qui produisit une famine et une
            « désolation générales. »

            Duhamel et Buffon ont constaté que « cet
            « hiver eut des suites tellement désastreuses,
            « qu'on en ressentit encore les effets vingt-
            « cinq ans après. »

            Un contemporain [2] raconte « qu'on ne man-
            « gea dans Paris que du pain très – bis ;
            « que plusieurs nobles familles, à Versailles
            « même, se nourrirent de pain d'avoine, et
            « que Mme de Maintenon en donna l'exemple.
            « Qu'on se figure, ajoute le narrateur, la mi-
            « sère du peuple, quand les grands, à la Cour,
            « étaient réduits à cette extrémité ! »

1710   . . . . 17 l. » s.

---

(1) Le thermomètre descendit à 17 degrés Réaumur (20 degrés 1 dixième
centigrade), *Moniteur universel*, du 7 janvier 1864.

(2) Jamerai-Duval.

1710 (suite) « L'automne ayant été fort propice, le labou-
« reur mit en terre tout le blé dont il put dis-
« poser; il sema tout le courant de novembre
« et passé la Saint-André. »

C'est sans doute à cette circonstance favorable, et toute exceptionnelle, que doit être attribuée la baisse sensible constatée dans le rapport du 30 de ce même mois : Ce jour-là,
« le bon blé froment » n'est plus côté que
43 livres.

Le blé, qui, au marché du 25 janvier, valait
encore 43 livres, ne valut déjà plus le 26 avril
que 30 livres 10 sous.

La mention qui suit explique la cause de
cette diminution :

« Le blé, qui a été bien hyverné, promet
« *bel épiement.* »

La baisse s'opéra sensiblement à partir du
23 août, jour où parut sur le marché le premier blé nouveau, qui ne valut plus que
23 livres.

1711   . . . . 14 l. » s.
1712   18   10

Dès le 30 *juillet*, l'appréciation constatait la
vente de « bon froment nouveau *pour semence* »
au prix de 17 livres.

1713   . . . . 28 l. 5 s.

Ne valait encore au marché du 25 février
que 19 livres 10 sous.

1714 . . . . 26 l. » s.

1715 11   15

> A commencé à baisser après les semailles de 1714, et ne valait plus en janvier 1715 que 13 livres 10 sous.

1716 . . . . 11 l. 10 s.

> Cette année, le thermomètre marqua 18 degrés 7 dixièmes centigrades [1].

1717 . . . . 8 l. 1 s. 6 d.

1718 11   »

1719 12   10

1720 10   15

> En tête du *rapport* du marché du 5 janvier, se trouve la mention suivante : « Commence- « ment des *billets de banque* [2]. »

La création de ce papier-monnaie, qui avait cours forcé, doubla en fort peu de temps le prix de toutes les denrées : Le blé, sans autre cause, monta à 21 livres 10 sous.

Le *rapport* du 14 septembre est ainsi conçu : « Le blé a diminué de moitié, et par consé- « quent a valu 10 livres 15 sous. »

Le motif de cette baisse extraordinaire, si étrangement constatée, se voit clairement dans cette autre mention dont les apprécia- teurs font précéder leur *rapport* : « Les billets « de banque n'ont plus de cours et de mise. »

---

(1) Relevé des *Grands Hivers, Moniteur* du 7 janvier 1864.

(2) Voir au n° 2 de l'*Appendice* le texte original des billets de cette banque (système LAW).

1721 . . . 1 1 l. » s. *Dernière récolte* (1721)
       8 10   —   1720
       1 1 »   —   1719

A partir du 21 septembre, l'appréciation s'est faite sur les blés de trois récoltes, résultat de cinq années successives « de grande abondance. »

De là vient sans doute cette fausse idée, si perfidement propagée durant nos troubles civils, que « *la France récolte, en temps* « *ordinaire, de quoi se nourrir pendant trois* « *ans !* »

1722 . . . . 17 l. » s.

A constamment haussé à partir de juillet et a valu, au marché du 12 décembre, 27 livres.

Cette année, pour la première fois, il fut procédé administrativement au pesage des grains ; le *rapport* du marché du 3 janvier en donne ainsi le résultat :

« PESANT DES GRAINS DE LA DERNIÈRE RÉCOLTE.

« Le septier de blé, 214 l (104 k. 754 g.)[1].
«   —   de méteil, 212 l. (103 k. 775 g.).
«   —   d'orge, 179 l. (87 k. 622 g.).
« Le minot d'avoine, 31 l. 1/2 (15 k. 420 g.).»

Comparant la contenance de l'ancien setier

---

[1] *Manuel Roret*, par TARBÉ, avocat général à la Cour de Cassation.

1722 (suite) avec la mesure nouvelle, on trouve que l'*hectolitre* de blé ne pesait que 75 kilog. 4 hectog., poids égal à celui des plus mauvaises récoltes[1], et conséquemment inférieur au poids moyen des *trente-neuf* dernières années de ce relevé[2].

Le blé qui a fait l'objet du pesage que je viens de rapporter, appartenant, ainsi qu'il est dit, à la récolte de 1721, devait être incontestablement de bonne qualité, puisque les appréciateurs constatent, dans leur *rapport*, « qu'il a valu 50 sous par setier de plus que « celui de 1720. » Il paraît donc raisonnable d'attribuer l'infériorité du poids au mode de nettoyage d'alors, si différent de celui actuel.

L'usage de la constatation du poids des grains, remis en vigueur en 1827[3], remonte chez nous, comme on le voit, à près d'un siècle et demi. Cette importante opération, trop longtemps négligée, se fait maintenant avec un soin qui témoigne de son indispensabilité pour l'évaluation sérieuse du produit annuel de la récolte, et pour l'établissement d'une bonne statistique agricole.

1723 . . . . 241 » s.

Il est mentionné pour la première fois, dans le *rapport* du marché du 2 octobre, qu'il a été

---

(1) Années : 1816 (dite *des blés mouillés*), 1841, 1844 et 1849.

(2) Voir *oids officiel du blé*, à la suite de l'année 1864.

(3) Circulaire du Ministre de l'Intérieur (1er novembre 1827).

1723 (suite) vendu du *gland* au prix de 8 livres le setier, et
qu'à la quinzaine suivante « il a baissé de
« moitié. »

Je n'ai rapporté l'appréciation du prix de
cette denrée, étrangère aux céréales, que pour
établir l'existence certaine d'un fait souvent
contesté : *l'usage ou droit de* GLANDÉE *dans le
bois de la forêt de Rambouillet.*

1724 . . . . 24 l. » s.
1725 . . . . 38 »

Au marché du même jour, « le froment vieux
« a valu 50 livres. »

L'énorme différence de prix, constatée en
faveur du blé vieux, indique très-clairement
l'infériorité du grain de la présente récolte.

En suivant la progression de la hausse, qui
ne s'est manifestée qu'à partir du 21 juillet,
on est porté à croire que la cause de cette
hausse et celle de la médiocrité du grain, ne
provenaient que d'une maturité hâtive, résultat ordinaire de chaleurs excessives ou de sé-
cheresses prolongées.

1726 . . . . 19 l. » s. (le vieux, 16 l.)
1727 . . . . 9 10 »

Le froment NOUVEAU porté au marché du
6 JUILLET, s'est vendu 12 livres 10 sous.

Il est à remarquer que c'est en cette année
seule, dans l'espace de près de deux siècles,

1727 (suite) que le blé nouveau figure d'aussi bonne heure sur le *rapport* des appréciateurs.

1728 . . . . 1 1 l. » s.

1729 . . . . . · . . . . 13 »

Le thermomètre marqua, dans l'hiver de cette année, 15 degrés 3 dixièmes au-dessous de zéro[1].

1730 . . . . 14 l. 10 s.

1731 . . . . 16 »

1732 . . . . 10 »

1733 . . . . 1 1 »

L'appréciation est faite, jusqu'au **25 juillet,** sur les blés de 1731 et 1732 ; le *rapport* du 1er août y comprend le froment de la dernière récolte.

Ces différents blés sont ainsi cotés :

« Celui de 1731 . . . . 10 l. 10 s.

« — 1732 . . . . 9 5

« Le nouveau. . . . . . 8 10 »

1734 . . . . 9 l. 10 s. » d.

1735 . . . . 12 »

1736 . . . . 12 5

1737 . . . . 13 10

1738 . . . . 21 »

1739 . . . . 19 »

L'hiver de cette année, non moins terrible dans ses effets que celui de 1709, se fit cruellement sentir dès la mi-décembre et

----

(1) *Moniteur universel,* du 7 janvier 1864.

1739 (suite) dura jusqu'en mars 1740; il sévit particulièrement dans le Perche où « le prix du
« blé atteignit des proportions telles, qu'il
« n'était plus possible de s'en procurer qu'à
« la dérobée et au moyen des plus grands
« sacrifices[1]. Les habitants de cette contrée,
« dit Doyen, étaient réduits à brouter l'herbe
« comme les bêtes. »

Faisant allusion à cette grande misère,
le Ministre de l'Instruction publique, dans
son discours à l'occasion d'une distribution
de prix aux élèves-ouvriers de diverses as-
sociations[2], rapporte « qu'un prince, en
posant sur la table du roi un pain fait avec de
la fougère, lui dit : *Sire, voilt de quoi vos
sujets se nourrissent!* Et qu'en ce temps l'on
trouvait le long des chemins, des hommes
morts, la bouche pleine encore de l'herbe
dont ils avaient essayé de se nourrir. »

En regard de ces navrantes citations je
suis heureux de pouvoir placer un des beaux
traits de la vie, vraiment apostolique, d'un
prélat[3] dont le digne parent habitait naguère
parmi nous[4].

---

(1) *Mémoires* de Bernard Delorme, auteur contemporain, imprimés en 1755.

(2) *Moniteur universel*, du 1er février 1864.

(3) Charles-François de Monstiers de Mérinville, CIXe évêque de Chartres, *sacré à vingt-huit ans*.

(4) M. le vicomte Adolphe-Reué-Auguste de Mérinville, ancien propriétaire du château de Voisins.

1739 (suite)   « A la nouvelle des cruelles souffrances
« des habitants du Perche, dit De Lavoye-
« pierre[1], Mgr de Mérinville déchiré de la
« plus vive douleur, leur fait passer des
« secours, engage *le peu qu'il avait d'ar-*
« *genterie* pour leur en procurer de plus
« grands ; vole à la Cour, et revient à Char-
« tres avec d'abondantes aumônes. Accom-
« pagné d'un seul domestique, il monte à
« cheval malgré son inexpérience ; partout
« sur son passage, on le presse de descen-
« dre, on craint pour sa vie, on lui repré-
« sente les dangers du voyage, la difficulté
« des chemins, la rigueur de la saison, rien
« ne l'arrête : *Non,* dit-il, *mourrons au*
« *moins pour eux, s'ils ne peuvent vivre*
« *avec nous* ». Les journalistes de Trévoux[2],
parlant du panégyrique où est rappelé cet
acte de sublime abnégation, disent que son
auteur « eut l'avantage très-grand et très-
rare de n'avoir dit que des vérités. »

1740   . . . . 3o l. » s.

        A la rigueur de cet hiver, durant lequel
« les eaux de la Seine furent entièrement
gelées[3], » vint s'ajouter un fléau non moins
redoutable : « un temps chaud et constamment

----

(1) Chanoine théologal de l'église de Chartres, (*Notice des auteurs du pays Chartrain*).

(2) Janvier 1748.

(3) Hiver 1739-40 (*Moniteur universel,* 7 janvier 1864.)

1740 (suite)   « pluvieux, qui dura tout le temps de la
« moisson, fit perdre une *bonne* partie de la
« récolte dont le surplus fut d'assez mauvaise
« qualité. »

Par le compte-rendu des marchés, il est
facile de suivre les diverses phases de l'intempérie, et de fixer, pour ainsi dire, le jour
où elle a commencé à inspirer des craintes
sérieuses. Ainsi l'on voit par le *rapport* du
13 août, que le blé, à cette date, ne valait
encore que 21 livres, ce qui prouve que jusque-là il n'avait aucunement souffert de l'hu-
midité, et que la récolte promettait alors
d'être abondante.

Ce n'est qu'au marché suivant qu'il haussa
de 3 livres, et la persistance du mauvais temps,
au cœur de la moisson, en éleva successivement le prix à 44 livres (*rapport* du samedi
15 octobre.)

S'il n'est pas possible de préciser l'époque
de la rentrée des derniers grains, il y a tout
lieu de présumer qu'elle n'a dû s'effectuer que
vers la mi-septembre, puisque la première
vente du blé nouveau, si impatiemment at-
tendu, n'a été constatée que dans le *rapport*
du 17 de ce même mois.

1741   27 l. 10 s.

1742   14   10   *Pain bourgeois*[1] 13 s. 6 d (les 9 l.).

---

(1) Ainsi fut désigné, jusqu'en 1793, le pain de première qualité, dont
la taxe s'établissait alors sur le poids de 9 *livres*. A partir de 1794, la taxe
ne porta plus que sur 8 *livres*, nouveau poids adopté pour le gros pain.

1742 (suite)   Cette année le thermomètre marqua, à Paris, 17 degrés centigrades au-dessous de zéro[1].

1743   . . . .   9 l. 5 s.   Pain 10 s. 6 d. (les 9 l.)

1344   9   »   —   9   6

Du 5 septembre au 19 décembre, le *rapport*
des appréciateurs, pour les seize marchés consécutifs, est ainsi conçu : « *tout idem.* »

1745   . . . .   11 l. 10 s.   Pain 11 s 6 d.

A la suite du *rapport* du 9 octobre est rapportée une sentence du bailliage, rendue sur
la remontrance du Procureur fiscal, portant
nomination d'un tiers appréciateur « pour
éviter, y est-il dit, les plaintes des boulangers
de ce bourg, au sujet de la *taxe du pain qui
s'établit sur le prix du blé.* »

1746   . . . .   12 l. » s.   Pain 13 s. 6 d.

De même qu'en 1721 et en 1733, l'appréciation se fit cette année, sur les blés de trois
récoltes dont les prix sont ainsi indiqués dans
le *rapport* du samedi 24 septembre.

« Froment d'élite de 1744 . . 11 l. 10 s.

«   —   de 1745 . . 8   10

«   —   le nouveau . 11   10

« Le blé de cette année, qui était fort beau,
« et qu'on croyait devoir être de garde, se
« gâta tout à coup ; le ver s'y mit en si grande
« quantité, que presque tout a été mangé,
« et qu'il a fallu se défaire du reste[2]. »

____

(1) Relevé des *Hivers rigoureux*, déjà cité.

(2) *Mémoires* de Jean Geslain, sous-prieur de l'abbaye de Saint-Père de
Chartres.

1747   . . . . 14 l. » s.   Pain 14 s. » d. (les 9 l.)
         « Le thermomètre marqua cette année 13 de-
         « grés 6 dixièmes au-dessous de zéro[1]. »
1748   . . . . 17 l. » s.   Pain 17 s. » d.
         A valu ce même prix, du 21 septembre de
         cette année au 24 janvier 1749.
         « Le thermomètre, au plus fort de l'hiver
         « qui fut fort long, est descendu à 15 degrés
         « 3 dixièmes[2]. »
1749   . . . . 17 l. » s.   Pain 17 s. 6 d.
         Est resté au même prix, du 30 août au
         12 septembre.
1750   . . . . 15 l. » s.   Pain 15 s. 6 d.
1751   26   »   —   25   6
         La hausse n'a commencé qu'à partir de la
         mi-mai ; au marché du 8 de ce mois, il ne valait
         encore que 16 livres 5 sous.
1752   . . . . 24 l. 10 s. Pain 14 s. 6 d.
1753   18   10   —   18   6
1754   14   »   —   17   »
         « Le thermomètre marqua cette année, à
         « Paris, 14 degrés 1 dixième au-dessous de
         « zéro[3]. »
1755   . . . . 12 l. » s.   Pain 13 s. 6 s.
1756   24   12
         La hausse qui s'est manifestée dès les pre-
         miers jours de juin, paraît avoir eu pour cause

---

(1) Relevé des *Hivers rigoureux*, déjà cité.
(2) *Idem.*
(3) *Idem.*

1756 (suite) principale, sinon unique, la grêle dont il est fait mention dans ce passage des *Annales de Chartres.*

     « La nuit qui précéda l'arrivée à Chartres
« du Dauphin et de la Dauphine[1], il tomba de
« la grêle d'une quantité et grosseur prodi-
« gieuses, qui cassa les vitres de l'église et du
« château de Rambouillet, celles des églises
« d'Épernon et autres circonvoisines ; ravagea
« la campagne depuis le Perray jusqu'à Char-
« tres. »

1757	. . . . 17 l.	» s.
1758	 21	10
1759	 14	10
1760	 16	10
1761	 13	»
1762	 14	»

     « Le thermomètre descendit cette année à
« 15 degrés 6 dixièmes[2]. »

1763	. . . . 14 l.	» s.
1764	 13	»
1765	 15	10
1766	 18	10
1767	 24	»

     « Cet hiver, le thermomètre marqua 15 de-
« grés 3 dixièmes au-dessous de zéro[3]. »

1768	. . . . 32 l.	» s.

---

(1) Vers la mi-mai.

(2) Relevé des *Hivers rigoureux,* déjà cité.

(3) *Idem.*

1768 (suite)   L'intensité du froid pendant le précédent
hiver, ne fut pour rien dans cette élévation de
prix qui ne commença que le 30 juillet, et
s'arrêta aussitôt après la rentrée de la moisson.
La cause réelle de la hausse se trouve clairement indiquée par le *rapport* du 24 septembre,
où il est dit que « le blé *tendre* s'est vendu
« 8 livres 10 sous de moins que le froment
« d'élite.» Aux marchés de Noël, la différence
entre ces deux qualités n'était plus que de
4 livres.

Il est à remarquer que le blé *nouveau* faisait
sa première apparition au marché dudit jour
24 septembre, et que le blé *vieux* y était vendu
pour la dernière fois de l'année.

1769   . . . . 29 l. » s.

Le premier blé nouveau n'ayant paru sur
le marché que le samedi 7 octobre, je n'ai pas
dû porter ici le prix du froment vendu le
30 septembre, et dont la première qualité n'a
valu que 26 livres.

1770   . . . . 31 l. » s.

1771   28   »

« Cette année le thermomètre marqua 13 de-
« grés 6 dixièmes au-dessous de zéro [1]. »

1772   . . . . 25 l. 10 s.

1773   29   10

1774   26   10

---

(1) Relevé des *Hivers rigoureux*, déjà cité.

1775 . . . . . 31 l. 10 s. Pain 25 s. 6 d. (les 9 l.).
1776 23   10 — 19   »

« La gelée dura, cette année, vingt-cinq « jours consécutifs durant lesquels le ther- « momètre marqua 19 degrés 1 dixième [1]. »

1777 . . . . 22 l. 10 s. Pain 18 s. 6 d.
1778 . . . 19   » — 17   »
1779 21   » — 19   »
1780 19   » — 17   »
1781 20   » — 17   6
1782 20   10 — 18   6
1783 20   » — 17   6

« Le thermomètre descendit cette année à « 20 degrés, et la gelée dura soixante-neuf « jours consécutifs [2]. »

C'est à cette circonstance, sans doute, que doit être attribuée la hausse constatée l'année suivante sur le prix du blé.

1784 . . . . 26 l. » s. Pain 22 s. 6 d.
1785 23   » — 19   »
1786 19   » — 17   »
1787 19   » — 17   »
1788 28   » — 22   »

La veille de l'évènement que je vais raconter, le blé ne valait encore que 20 livres 10 sous ; au marché du 6 décembre, il monta à 32 livres.

---

(1) Relevé des *Hivers rigoureux*, déjà cité.
(2) *Idem.*

1788 (suite)   Dans la matinée du dimanche 13 juillet, un épouvantable orage composé *uniquement* de grêle, et chassé par un violent vent du sud-ouest, éclata « dans toute sa force » sur le territoire de Rambouillet, et y anéantit la presque totalité des récoltes arrivées à ce moment à leur complète maturité.

Les grêlons qui, pour la plupart, avaient la forme « *de pendeloques d'anciens lustres,* » étaient tellement gros et abondants, qu'on rencontrait à chaque pas, là où la récolte avait disparu, des lièvres, des perdrix et autres oiseaux « morts criblés de meurtrissures. » Bien des personnes qui ne purent trouver à temps un abri quelconque furent plus ou moins grièvement blessées.

« Cet orage, dont notre territoire *était le centre,* et qui, ici, dura plus d'une heure *sans se ralentir,* embrassa, de l'est à l'ouest, un rayon de quatorze à quinze lieues, sur une largeur moyenne d'au moins deux lieues.

De nombreux témoins de ce « véritable déluge » m'en ont souvent retracé les terribles et singuliers effets : « Les récoltes étaient tellement hachées et enfouies, me disaient, il y a peu d'années encore, deux contemporains dignes de foi[1], que dans un grand nombre

---

(1) MM. LEMRAY et DUGUÉ. Ce dernier, aujourd'hui dans sa quatre-vingt-douzième année, me racontait dernièrement que, surpris par l'orage au mi-

1788 (suite) de pièces il n'était pas possible, même après
la fonte de l'énorme couche de grêle[1], de
distinguer la nature des grains détruits ; le sol
lui-même, littéralement labouré ou battu,
avait acquis une si grande uniformité, que des
laboureurs, dont les champs étaient d'une cul-
ture toute différente, avaient peine à recon-
naître leurs limites respectives.

Au sujet de cette dévastation sans exemple,
je me plais à rapporter un cas d'ensemencement naturel d'autant plus étrange, que le
grain confié à la terre eut à résister à l'hiver le
plus rigoureux[2].

M. LEMESLE père, maître de poste, qui faisait valoir une pièce de terre d'une assez
grande contenance, au champtier du AH ! AH !
et dont la récolte en blé avait complétement
disparu, ayant eu l'heureuse idée de n'y faire
aucunes *préparations*, y récolta l'année suivante « onze setiers de bon froment à l'ar-
pent. »

Ce fait, rigoureusement exact, dont m'a
plus d'une fois entretenu M. Lemesle, fils[3],

---

lieu des champs, il eut la figure affreusement contusionnée, et il me mon-
trait, derrière la tempe droite, la trace d'une plaie produite par un grêlon,
et que trois quarts de siècle n'avaient pu faire disparaître entièrement.

(1) Cette couche qui, « *en raie, avait de 14 à 15 pouces* » n'était pas
totalement fondue trois jours après.

(2) Le thermomètre descendit à 22 degrés 2 dixièmes *Moniteur*, déjà
cité.

(3) Conseiller municipal et membre de la Commission d'appréciation des
grains (de 1831 à 1841).

1788 (suite) m'avait déjà été rapporté par mon père qui coopéra aux travaux de cette prodigieuse récolte que de toutes parts on venait admirer.

La parfaite conservation du blé, dans cette pièce, fut généralement attribuée à l'énorme couche de neige qu'y avait amoncelée le barrage du mur du parc, et sous laquelle le grain resta caché pendant « six semaines consécutives. »

Un passage de la *Notice* de François ARAGO, *sur les heureux effets de la neige*, confirme pleinement la justesse de cette supposition.

L'illustre astronome, après avoir rappelé que « le froid, durant les hivers rigoureux, pénètre « le sol à des profondeurs d'autant moindres, « que la terre a été plus tôt et plus abondamment « couverte de neige, » cite cet *affreux hiver* (1788-89), durant lequel, dit-il, « la terre, « suivant les expériences de TESSIER, ne se « gela qu'à la profondeur de 59 centimètres « sur tous les points recouverts d'une couche « uniforme ; tandis que, dans des places toutes « voisines, mais d'où la neige avait été emportée « par le vent, la gelée descendit jusqu'à « 91 centimètres. »

M. BARRAL, en rapportant ce passage dans son *Journal d'agriculture pratique*[1], ajoute que

---

(1) A obtenu pour ce *Journal* et pour son *Traité du Drainage*, le prix MONOGUES de 1863, décerné par l'Académie des Sciences.

1788 (suite) « les agriculteurs ont constaté de bonne heure
« la vertu préservatrice de la neige, à laquelle
« *ils sont souvent redevables de la conservation*
« *de leurs semences.* »

Afin de prémunir mes lecteurs contre toute idée d'exagération dans les détails de cette mémorable grêle, j'ai voulu mettre sous leurs yeux le texte même des procès-verbaux énonçant les pertes éprouvées par les habitants de la *paroisse* de Rambouillet, et fixant les « quantités de blé et de seigle à distribuer gratuitement aux treize plus nécessiteux, pour les aider dans leur ensemencement[1]. »

1789   . . . . 27 l. 5 s. Pain 23 s. » d. (les 9 l.)

Par suite de l'agitation qui s'était manifestée parmi le peuple, au marché du 18 juillet[2], l'*Assemblée générale de la paroisse*, dans sa séance du 24, arrêta la formation d'une *garde bourgeoise* pour le maintien de l'ordre public. Et dès le lendemain, la municipalité « cédant à à la force, pour ne pas s'exposer à la vengeance du peuple, » consentit à taxer le blé de première qualité à 28 livres au lieu de 60, prix réel, et le pain blanc à 24 sous les 9 livres.

Le mauvais effet produit par cet acte de faiblesse fut tel, qu'au marché suivant, dit le *rap-*

---

(1) Voir extraits de ces procès-verbaux au n° 3 de l'*Appendice.*
(2) Le *rapport* de ce jour cote le prix du blé à 45 livres.

1789 (suite) *port* des appréciateurs, « il ne s'est plus trouvé sur le carreau de la halle aucune espèce de blé froment. » Il fut dès lors impossible aux boulangers de pourvoir à leur approvisionnement ; aussi, dès le surlendemain, la municipalité arrêta qu'il serait acheté par ses soins, quatre cents sacs de blé, dont la différence, entre le prix d'achat et celui de revente aux boulangers, serait supportée par tous les citoyens, savoir : les *taillables*[1], dans la proportion de leurs cotes, et les non taillables, en raison de leurs revenus ou appointements.

Ce fâcheux état de choses se prolongeant, il fut enjoint aux boulangers de ne plus cuire qu'une sorte de pain fait de deux tiers de blé et d'un tiers de seigle, « ne faisant d'exceptions qu'en faveur des malades (*leurs pratiques habituelles*) auxquels ils devaient délivrer, sur certificats de médecins, du pain de blé pur, à raison de 30 sous les 9 livres[2]. »

1790 . . . . 22 l. » s. Pain 20 s. 6 d (les 9 l.)
1791 . . . . 23 »   18   6
1792 (an I). . . . 33 »   15   »

Ces prix, sans être démesurément élevés, n'en furent pas moins, dans ces temps de

---

(1) *Contribuables*. Etaient exempts de la *taille* : les nobles, les ecclésiastiques et les officiers des maisons royales.

(2) Séances municipales des 8 et 18 août.

1792 (suite) troubles civils, la cause, sinon le prétexte, de bien déplorables excès dont Etampes fut plus particulièrement le théâtre.

Dans la matinée du 3 mars, la municipalité de cette ville qui, sur l'avis du directoire du district « qu'un rassemblement d'hommes armés se dirigeait sur son marché, » avait requis la force armée et s'était constituée en permanence à la maison commune.

Nonobstant toutes les dispositions prises pour la sûreté publique, « la halle fut promptement envahie par plusieurs milliers d'individus, la plupart armés, qui se ruèrent sur les laboureurs afin de s'emparer de leur grain, *sans débat de prix.* » L'autorité, elle-même, fut bientôt en butte aux menaces incessantes de cette multitude qui voulait la contraindre à taxer le blé, contrairement aux rigoureuses prescriptions de la loi[1].

Le maire[2], que les plus sinistres vociférations n'arrêtèrent point dans l'accomplissement de son devoir, se mit à la tête d'un détachement de cavaliers, et essaya, par des paroles de paix, de rétablir l'ordre déjà sérieusement compromis ; mais ses paternelles exhortations restant sans effet, il dut recourir à l'emploi de mesures

---

(1) Il était interdit aux officiers municipaux de taxer le blé, *sous peine de destitution* (art. 30 de la loi du 22 juillet 1791).

(2) M. Jacques-Guillaume Simonneau.

1792 (suite) énergiques. « Monté sur une pile de sacs qu'il disputait à l'émeute, » il se disposait à proclamer la LOI MARTIALE[1], lorsque des coups de feu, partis des rangs de l'insurrection, « blessèrent plusieurs citoyens *prêtant force à la loi*, et que lui-même fut atteint mortellement d'un coup de pistolet, dirigé *à bout portant* sur sa poitrine, par *un misérable resté inconnu.*[2] » L'assassin, pour frapper plus sûrement sa victime, s'était glissé sous le cheval de son cavalier d'escorte, près duquel fut trouvée l'arme dont il venait d'être fait un si criminel usage[3].

La bonne contenance de la troupe et de la garde nationale, exaspérées par ce lâche assassinat, ne tarda pas à avoir raison de la sédition ; mais le triomphe de l'ordre avait été bien chèrement acheté : La ville d'Etampes était veuve de son premier magistrat, « *mort au lit d'honneur, victime de son dévoûment à la patrie*[4]. »

Cet acte de courage civique fut porté offi-

---

(1) Voir extrait de cette loi au n° 4 de l'*Appendice.*

(2) A quelques jours de là, et non loin d'Etampes, le nommé X, véhémentement soupçonné d'être l'auteur de cet abominable crime, se faisait sauter la cervelle sur le seuil même de sa porte. (*Renseignements confidentiels*).

(3) Je tiens de M. BLANCHETON, secrétaire de notre mairie, que son père alors horloger à Etampes, et qui en ce moment ne se trouvait séparé du maire que par la monture de son cavalier, a failli être renversé par l'animal qui s'était cabré au bruit de la détonation.

(4) Voir acte d'inhumation au n° 5 da l'*Appendice*

1792 (suite) ciellement à la connaissance de toutes les municipalités, et la nôtre, « pour honorer la mémoire de celui qui avait acquis un droit sacré à
l'admiration de tous, » vota les fonds nécessaires à la construction d'un mausolée et fit célébrer une messe solennelle, à laquelle assistèrent en corps toutes les autorités [1].

L'Assemblée nationale, voulant associer la
France entière à « ce deuil public, » décréta
l'érection d'une pyramide destinée à en perpétuer le souvenir, et l'ordonnance d'une pompeuse cérémonie au Champ de la Fédération.
Ce décret porte, entre autres dispositions, que
« les personnes blessées en prêtant force à la
loi, et les membres de la famille SIMONNEAU, seront nommément invitées à la cérémonie ; que
l'Assemblée nationale y sera représentée par
soixante-douze de ses membres, et que *la glorieuse écharpe du martyr de la loi sera suspendue aux voûtes du Panthéon.* [2] »

Huit jours seulement après le malheureux
événement que je viens de raconter, notre
municipalité, informée des excès commis sur
les marchés environnants, et des perquisitions
faites, à main armée, chez les laboureurs, arrêtait : Que le maire et le procureur de la commune se rendraient immédiatement au dépar

---

(1) Séance municipale du 2 mai 1792.

(2) Décrets des 21 mars, 11 avril, 6 et 16 mai 1792. (Voir texte de ce
dernier décret au n° 6 de l'*Appendice*).

1792 (suite) tement pour y solliciter un renfort de troupes, « afin d'assurer le maintien de la tranquillité du pays, l'exécution de la loi et la liberté du commerce. »

Le surlendemain, jour du marché, le conseil de la commune se réunit à neuf heures du matin, à l'Hôtel-de-Ville où il se constitua en permanence ; et à la nouvelle qu'une centaine d'hommes armés commandés par un officier « tambour en tête » se disposaient à faire irruption sur la halle aux grains. le maire se porta à leur rencontre jusqu'à la Vénerie[1], où avait été placé un poste de chasseurs du régiment de Lorraine. Après avoir parlementé avec le commandant de la garde nationale de X et s'être entretenu avec les officiers municipaux de cette commune « marchant en avant de leur troupe » il obtint d'eux qu'aucun homme n'entrerait en ville *qu'après avoir déposé ou déchargé ses armes.*

Cette fois, l'énergique résolution de l'autorité triompha de la rébellion, et fit qu'aucun désordre n'eut lieu sur le marché ; seulement, la présence de ces hommes dont l'attitude n'avait pas cessé d'être menaçante, « donna de la crainte aux laboureurs qui, d'eux-mêmes,

---

(1) Les bâtiments de la Vénerie, dont le soubassement en grès se voit encore en face le *Rond-d'Eau*, sont tombés sous le marteau révolutionnaire, de 1793 à 1794.

1792 (suite) baissèrent leur blé de 4 livres par setier. »

Mais là ne devaient pas s'arrêter les tentatives coupables : Le samedi suivant, 17 mars, dès l'ouverture de la halle, les gardes nationales de six communes, dont je crois devoir taire les noms, envahirent la place du marché qui, « en un instant se trouva couverte de plus de *mille hommes armés*, et d'une multitude considérable d'étrangers, la plupart inconnus à Rambouillet. »

En même temps que des gardes nationaux, le sabre levé, forçaient les laboureurs à donner leur grain, « *au prix qu'on en voulait* », la municipalité faisait sortir des serres, menacées du pillage, tout le grain qui s'y trouvait, et qui fut également vendu « *au gré du peuple.* »

Le Maire[1], dont le sentiment du devoir semblait grandir au souvenir du récent et glorieux martyre de son collègue d'Etampes, ne craignit pas, dans ce moment critique, de descendre *seul* sur la place, espérant par sa présence « rassurer les laboureurs incessamment menacés, et calmer l'effervescence populaire *alors à son comble.* »

Bientôt aux prises avec l'émeute qui voulait lui imposer la taxe du pain, ce courageux magistrat fut saisi par un officier et deux gardes

---

(1) M. Noël Christophe **Huard**, aïeul de l'honorable conseiller municipal actuellement en fonction.

1792 (suite) nationaux qui l'entraînèrent à l'Hôtel de Ville où la municipalité était en permanence.

L'assemblée après avoir flétri énergiquement la conduite de l'officier, se disant « *l'organe du peuple* », lui déclara qu'elle ne fixerait le prix du pain que de concert avec les officiers municipaux des communes voisines, présents sur le marché, et ceux-ci s'étant présentés il fut arrêté d'un commun accord que « *le pain bourgeois* ne serait payé que 17 sous les 9 livres »

Cette taxe ayant paru satisfaire les révoltés, ils déchargèrent leurs armes et se retirèrent, toutefois en menaçant de revenir le samedi suivant « pour sévir *contre la municipalité,* dans le cas où la halle ne serait pas suffisamment approvisionnée [1]. »

Le vendredi suivant, le Directoire « informé de ce qui s'était passé à Etampes, et des craintes qui se manifestaient pour le marché de Rambouillet » , envoya un de ses commissaires avec cent hommes de la milice de Versailles, et une pièce de canon « pour assurer le maintien de la tranquillité publique. »

Grâce à ce déploiement de forces et aux énergiques démonstrations du délégué du Directoire, la journée du samedi se passa « aussi tranquillement que les circonstances le permettaient, » et la municipalité, en séance,

---

[1] Procès-verbal de la séance du 17 mars.

1792 (suite) témoigna sa satisfaction au commandant de la force publique « pour la prudence et la ferme résolution de ses troupes[1]. »

L'ordre momentanément rétabli, ne tarda pas à être de nouveau troublé : Au marché du 15 septembre, « les laboureurs menacés des plus grands excès, durent se rendre aux pressentes sollicitations des autorités, et n'exiger du *blé de tête* que 20 livres » au lieu de 38 et 40 livres qu'il valait réellement[2].

Impuissante à faire respecter la loi, la municipalité « dans la prévoyance de nouveaux excès » arrêta le surlendemain, que des commissaires pris dans son sein se transporteraient immédiatement dans les *paroisses* voisines, afin d'engager, par tous les moyens de persuasion, les laboureurs à accélérer le battage et à apporter le plus de grains possible au prochain marché[3]. Ce bienveillant appel fut entendu et compris ; l'abondance reparut bientôt sur le marché où, pendant plusieurs semaines, il n'y eut plus de troubles sérieux malgré la hausse sensible qui s'opéra du 15 septembre au 20 octobre[4].

(1 Séances municipales des **23** et **24 mars.**

2) Le *rapport* du 15 septembre porte cette mention : « **Le** *blé* **a diminué** à la demande du peuple, et le *pain* reste au même prix. »

(3) Séance du 17 septembre.

(4) En moins de cinq semaines le blé haussa de 11 à 12 livres. (Voir mercuriales.)

1792 (suite) Mais, dès le 26 de ce mois, l'assemblée générale de la commune, « avertie que des hommes armés s'étaient portés sur le marché de Montfort pour y faire taxer les grains, et que Rambouillet était menacé d'une semblable insurrection, » députa trois de ses membres auprès du département « pour y solliciter les secours les plus prompts, à l'effet de prévenir les malheurs qui pourraient résulter de pareils attroupements. » .

Le lendemain, veille de marché, les députés vinrent annoncer à l'assemblée, restée en permanence à l'Hôtel-de-Ville, qu'ils arrivaient avec cent cinquante gendarmes nationaux, mis à la disposition de l'autorité municipale « pour s'opposer à l'entrée en ville de tout homme armé et pour, au besoin, *repousser la force par la force.* »

La nécessité et l'opportunité de ces rigoureuses mesures ne furent que trop justifiées. Dans la matinée du samedi « cinq cents hommes armés, appartenant aux *paroisses* de X, X et autres, prirent position sous l'allée des MARRONNIERS d'où ils se disposaient à faire invasion sur la place du Marché. » La municipalité et le commissaire du district qui s'étaient portés au-devant de ces hommes, reçurent « de leurs députés » une pétition dans laquelle ils demandaient que le prix du blé fût « *égal pour toute la République.* »

1792 (suite)   Cette étrange demande, adressée à une municipalité, donna lieu à de longs pourparlers durant lesquels trois coups de fusils furent tirés sur la troupe qui n'y répondit pas; mais, se mettant sur la défensive et serrant de près les insurgés, elle ne tarda pas à les amener à déposer leurs armes et à livrer « trois des leurs jugés les plus compromis. » Ces forcenés qui, grâce à la modération de la force armée et à la sagesse des magistrats qui la dirigeaient, n'eurent qu'un seul homme blessé par la riposte d'un gendarme, « laissèrent au pouvoir des courageux défenseurs de l'ordre, deux cents dix-neuf fusils, dont *deux cent un encore chargés de balles de fonte et de plomb*; un pistolet aussi chargé; trente-deux armes blanches; trente-quatre instruments, tels que brocs à gerbes, piques, faux et dards; deux broches *à rôtir*; deux paroirs de sabotier; une vrille de tonnelier (de 3 pieds de longueur); vingt-quatre baïonnettes et soixante-seize bâtons ferrés; plus un cor de chasse et huit caisses de tambours. »

La remise de ces armes opérée, tout rentra dans l'ordre : aucune démonstration hostile n'eut plus lieu sur le marché, et cette fois encore « force resta à la loi. »

Ainsi se termina, fort heureusement, cette lutte fratricide déjà passée ici à l'état de légende, et qui dès-lors fut nommée la BATAILLE DES MARRONNIERS.

1793 (an II). . . . 32 l. (prix *maximum*)[1]. Pain 26 s. 6 d.

La cause d'enchérissement du blé, après la rentrée de la moisson, se trouve suffisamment indiquée dans ce passage du procès-verbal de la séance municipale du 4e jour *sans-culottide* : « Plusieurs ouvriers batteurs en grange représentent au conseil que les laboureurs ne veulent leur donner que quarante sous par setier pour lequel il faut jusqu'à quarante-huit gerbes (*la plupart germées*) et demandent une augmentation de salaire. »

1794 (an III). . . . 32 l. (*maximum*). Pain 24 s. (les 8 l.) [2]

En vue de donner à réfléchir aux économistes outrés, à ceux-là qui prétendent qu'en aucun temps, *en aucune circonstance,* l'administration ne devrait intervenir entre le producteur et le consommateur, je constate ici, sans commentaire aucun, que moins de deux mois après la levée du *maximum*, et malgré la création de *greniers d'abondance* à Montfort et à Rambouillet [3], la spéculation éleva le prix du blé à 150 livres le setier ! et qu'il résulte des mercuriales officielles que, du 29 germinal au 12 fructidor, il n'y eut plus lieu de procéder à l'appréciation du

---

(1) Fixé par la loi du 11 septembre 1793. Voir cette loi au n° 7 de l'*Appendice.*)

(2) Ce n'est qu'à partir de cette année que ce poids, pour le gros pain, fut adopté à Rambouillet.

(3) Voir procès-verbaux des séances des 5 pluviôse et 19 germinal.

1794 (suite) prix du blé, « ce grain n'étant plus *du tout* apporté sur le marché. »

Et pour donner une idée des embarras que ce fâcheux état de choses dut susciter à l'administration municipale, il me suffira de rapporter ces quelques lignes, extraites de trois délibérations :

Ire — 29 *Germinal.*

« Sur le rapport du commissaire aux sub-
« sistances, le conseil fixe le prix du pain à
« 6 *livres* 5 *sous les huit livres,* et arrête que
« les boulangers n'en délivreront qu'aux in-
« firmes, aux indigents et à ceux qui sont
« hors d'état de s'en procurer de gré à gré. »

IIe — 16 *Prairial.*

« Sur les renseignements donnés par le
« commissaire aux subsistances, desquels il
« résulte que le quintal de farine revient à
« 187 livres 7 sous[1], le conseil arrête qu'à
« partir de ce jour, il ne pourra plus être dé-
« livré, aux ayants-droit, *qu'une demi-livre*
« *de pain par tête et par jour.* »

IIIe — 19 *Prairial.*

« Sur la proposition d'un membre, le conseil
« est d'avis que les *messiers* soient considérés
« comme étant dans l'impossibilité de se pro-
« curer de gré à gré le pain qui leur est né-

---

(1) Ce qui portait le sac de 325 livres, poids usuel, à **296 livres 10 sous**.

1794 (suite) « cessaire, et vu la fatigue de leur service,
« les autorise à s'en faire délivrer au prix de
« taxe, à raison *d'une livre par jour,* »

1795 (an IV) 3,100 l. » s. en *assignats*[1]. Pain 13 l. (la liv.)

La mercuriale du 24 octobre (2 brumaire),
sur laquelle sont relevés ces prix, ne mentionne
pas leur équivalent en numéraire, mais on
voit par le *tableau régulateur de dépréciation
du papier-monnaie*[2], qu'à cette date le blé eut
valu 41 livres en argent, et le pain 3 sous
6 deniers.

« L'hiver de cette année fut extrêmement
« rigoureux; au plus fort de la gelée qui dura
« quarante-deux jours, et pendant lesquels la
« terre resta couverte de neige, le thermo-
« mètre descendit à 23 degrés 5 dixièmes[3]. »

Encore bien que l'intensité du froid n'ait
été, grâce à la neige, nullement préjudiciable
aux récoltes, les laboureurs n'en conçurent
pas moins tout d'abord de vagues inquiétudes qui, exagérées et accréditées à dessein,
se traduisirent bientôt, pour le plus grand
nombre, en une certitude de disette; pour se
garantir des effets de ce redoutable fléau, chacun voulut, à tout prix, avoir chez soi sa provi-

---

(1) Voir mercuriale établie en *argent* et *assignats* (marché du 1er ventôse), au n° 8 de l'*Appendice.*

(2) Voir extrait de ce tableau au n° 9 de l'*Appendice.*

(3) Relevé des *Hivers rigoureux*, déjà cité.

1795 (suite) sion de blé ou de farine, et l'avide spéculation exploitant cette panique, les marchés cessèrent tout à coup d'être approvisionnés.

Pendant plusieurs semaines le commerce se fit exclusivement dans les fermes et dans les moulins où, au dire du rapporteur de la commission des subsistances, « il n'était plus possible d'acheter qu'à la dérobée, à des prix exorbitants et *contre argent* seulement. »

Malheur alors à ceux, et c'était le plus grand nombre, qui ne pouvaient payer qu'en *assignats*, ils couraient risque de mourir de faim[1], et pourtant ce papier-monnaie avait encore *cours-forcé*.

Un tel état de choses ne pouvait durer longtemps : l'exaspération des esprits était à son comble ; aussi le Comité de salut public, jugeant le danger imminent, prit un arrêté contenant des mesures répressives contre ceux qui « au mépris des décrets des 4 et 11 septembre 1793[2] vendraient ou acheteraient des grains ou farines, *ailleurs que sur les marchés*. » Le Conseil de la commune, en ordonnant la publication de cet arrêté, invitait chacun de ses

---

(1) Au dire de témoins oculaires dignes de foi, nombre de personnes qui ne possédaient que des assignats, en furent réduites à donner en payement, des objets d'or ou d'argent auxquels se rattachaient de précieux souvenirs.

(2) Le dernier de ces décrets prononçait, en outre de la confiscation, une amende double de la valeur des denrées, contre vendeurs et acheteurs (chacun pour moitié).

1795 (suite) membres à en assurer la stricte exécution.

Il est à remarquer que postérieurement à cette rigoureuse mesure, l'administration n'eut plus à s'occuper de réquisitions de grains, et que dès le 22 ventôse suivant, la mercuriale constatait « sur le carreau de la halle » un approvisionnement de 400 setiers de blé froment, vendus *librement* au prix de 28 livres en *argent* et de 9,000 livres en *assignats*.

1796 (an V). . . . 27 l 10 s.   Pain 22 s.   » d. (les 8 l.)

La mercuriale du 27 frimaire constate qu'il a été apporté, au marché de ce jour, 1,024 setiers de blé froment et méteil.

Dès le commencement du printemps l'on conçut de vives inquiétudes au sujet de la présence d'une quantité prodigieuse de *hannetons* qui occasionnaient « des dommages considérables. » L'administration centrale adressa aux municipalités des instructions indiquant « les moyens à employer pour opérer efficacement la destruction de ces pernicieux insectes. »

1797 (an VI) . . . 24 l.   » s.   Pain 20 s. ´6 d.

1798 (an VII) . . . 18   10   — 16   »

« Hiver rigoureux ; le thermomètre marqua « 17 degrés, et la gelée dura trente-deux « jours [1]. »

Le 21 thermidor de cette année, il y eut encore aux environs de Rambouillet, une grêle

---

(1) Relevé des *Hivers rigoureux*, déjà cité.

1798 (suite) considérable qui causa d'importants dégâts
dans la commune, et particulièrement sur les
dépendances de la *Ferme nationale* où « la
presque totalité des pièces ensemencées a été
fort endommagée. » Une délibération municipale, du 27 fructidor suivant, énonce « qu'il
résulte de l'état dressé par les soins de l'administration, que la récolte des grains n'a été,
dans toute l'étendue du canton[1], que des
6 dixièmes d'une récolte ordinaire. »

Mais ce qui prouve que ce fléau ne s'était
pas étendu au loin, et que la récolte de cette
année était généralement bonne, c'est que le
prix du blé, loin d'augmenter, a constamment
baissé jusqu'à la moisson de l'année suivante.

1799 (an VIII) . . .   19 l. 10 s.   Pain 17 s. 6 s. (les 8 l.)

1800 (an IX). . . .   22   »   —   18   6

Il y avait sur place, au marché du 7 ventôse,
1,336 setiers de blé ; 1,060 minots d'avoine,
et 109 setiers de denrées diverses.

1801 (an X). . . .   36 l. » s.   Pain 27 s. 6 d.

Cette importante élévation de prix sur l'année précédente, et dont la cause n'est nulle part
indiquée, s'est opérée d'une manière sensible à
partir de *germinal*, et est devenue plus signifi-
cative encore, à l'approche de la moisson.

----

(1) Le canton de Rambouillet ne se composait alors, outre le chef-lieu,
que des dix communes dont les noms suivent : Gazeran, Saint-Hilarion,
Emancé, Orcemont, Poigny, Millainville, La Boissière, Raizeux, Hermeray
et Vieille Eglise.

TROISIÈME PARTIE.

PRIX DU BLÉ ET TAXE DU PAIN A RAMBOUILLET

DE 1802 A 1864

(SYSTÈME DÉCIMAL).

1802 (an XI) . .   27 fr. 50 c. l'hect.   Pain 40 c.   le kil.
1803 (an XII) . .   16   25   —   26   1|4 [1]
1804 (an XIII) . .   12   66   —   23   1|8

   Le froment vieux valait, ce même jour,
46 francs 33 centimes l'hectolitre.

1805 (an XIV) . .   19 fr. » c. l'hect.   Pain 27 c. 1|2 le kil.
1806   . .   20   »   —   29
1807   . .   19   33   —   28

---

(1) Cette fraction, et celles suivantes, proviennent de ce que la taxe se faisait alors sur le pain de 4 kilos, et que le *sou* se divisait encore par quart au moyen du *liard* qui avait cours en même temps que le centime. (Voir décret du 12 mars 1856 sur la *Démonétisation des monnaies de cuivre.*)

1808   . . 15 fr. 33 c. l'hect.   Pain 27 c.   le kil.
1809   . . 13   »   —   22
1810   . . 19   33   —   27   1[2

La hausse s'est produite de mars à octobre.

1811   . . 24 fr. » c. l'hect.   Pain 34 c. 1[2 le kil.

L'été de cette année, dite de la COMÈTE, fut exceptionnel tant par sa durée que par l'intensité de la chaleur. Cette circonstance, si favorable à la vigne, et qui donna au vin une qualité extraordinaire, fut, par contre, très-préjudiciable aux grains de toute espèce : les blés, arrêtés dans leur développement à l'époque de la maturité, furent en grande partie échaudés, et leur peu de poids en fit élever le prix dès l'approche de la moisson.

La mercuriale du 13 avril de cette même année constatait, sur le *carreau* de la halle, un approvisionnement de 6,544 hectolitres de grains de toute sorte, dont 4,800 en blé froment.

1812   . . 32 fr. » c. l'hect.   Pain 47 c. 1[2 le kil.

« Récolte assez abondante en blé et seigle,
« mais moins qu'ordinaire en grains de mars,
« et notamment en avoine. »

De janvier à mars il se fit sur nos marchés, pour les besoins de quelques départements et pour l'approvisionnement de l'armée, de nombreux achats qui amenèrent en peu de temps une hausse dont il n'y eut jamais d'exemple : le blé, d'un samedi à l'autre, aug-

1812 (suite) menta de 14 francs par hectolitre [1]; au marché
du 11 avril il valut 85 francs le sac, et ce prix
eût encore été depassé, s'il n'avait été donné
avis, à l'ouverture de la halle, d'un arrêté du
Préfet, fixant à 60 centimes le kilogramme de
pain.

Contrariés par cette taxe, les détenteurs de
blé cessèrent tout à coup d'en amener au
marché, et l'approvisionnement sur place qui,
le 25 avril, était encore de 1,132 hectolitres,
ne fut plus que de 93 hectolitres le 2 mai suivant [2].

La clandestinité des transactions eut, comme
en 1795, les résultats les plus déplorables ; il
se commit sur plusieurs points des désordres
de la plus haute gravité qui nécessitèrent l'é-
tablissement de Cours spéciales extraordinaires.

Le Gouvernement « convaincu que l'enché-
« rissement des grains n'était pas l'effet d'une
« rareté effective, mais bien le résultat des
« spéculations de la cupidité » prit des mesures pour assurer l'approvisionnement des
marchés, et fixa le prix *maximum* du froment
de première qualité à 33 francs l'hectolitre [3].

Par son arrêté du 22 mai, le Maire de Ram-

---

(1) Mercuriales des 4 et 11 avril.
(2) Voir à ces dates les mercuriales officielles.
(3) Décret impérial du 8 mai 1812. (Voir extrait au n° 10 de l'*Appendice*.)

1812 (suite) bouillet étendit ce *maximum* aux grains se-condaires, dont les prix ne purent excéder, savoir : « le méteil, 28 francs; le seigle, 22 francs, et l'orge, 20 francs. »

Au moyen de la taxe préfectorale, le prix du pain, pendant plus de huit mois, ne fut aucunement en rapport avec le cours du blé; la municipalité fit acheter, tant de ses deniers qu'à l'aide de fonds mis gratuitement à sa dispo-sition par les notables de la ville [1], les grains nécessaires à la consommation locale, les fit moudre et en distribua la farine aux boulangers.

Le déficit résultant de la différence entre le prix de revient de cette farine et le produit de la vente du pain à *prix réduit*, fut supporté par la commune qui eut alors à en grever son budget [2].

L'active prévoyance du Gouvernement et les sages dispositions prises par l'administration municipale, ne tardèrent pas à porter leurs fruits : dès le mois d'août, sans le secours de la nouvelle récolte, *encore dans les champs*, le blé descendit, sans contrainte, au-dessous du prix *maximum*, et ne valut plus que 26 francs 66 centimes [3]. Cette baisse inatten-due fut une dure leçon pour ceux qui ven-

---

(1) Voir note du percepteur communal au n° 11 de l'*Appendice*.

(2) Le budget de 1813 où doit figurer cette dépense, manquant au registre des séances municipales, il ne m'a pas été possible d'en préciser le chiffre.

(3) Mercuriale du 29 août. Cette mercuriale porte, qu'à partir de ce jour « la taxe réelle du pain est faite par l'autorité locale. »

1812 (suite) dirent à ce prix le même grain dont ils avaient refusé, la veille même du décret, 60 francs de l'hectolitre, QUATRE-VINGT-DIX FRANCS le setier !

Contemporain de ces derniers événements, j'éprouve un véritable bonheur à constater qu'à cette époque calamiteuse notre population est restée étrangère à tous actes repréhensibles, et que la plupart de nos laboureurs ont mis un louable empressement à apporter sur les marchés « les quantités de blé qui leur avaient été attribuées par le recensement général [1].

Un précoce et rigoureux hiver vint encore ajouter aux fatales conséquences de cette crise alimentaire. Le froid excessif qui se fit sentir dès la fin de novembre, se prolongea avec une intensité toujours croissante. Le thermomètre marqua 19 degrés 7 dixièmes au-dessous de zéro [2].

1813   . . 23 fr. 67 c. l'hect.   Pain 35 c. 1|2 le kil.
1814   . . 18   »   — 28
1815   . . 19   33   — 30   1|2
1816   . . 34   66   — 50

A haussé successivement, à partir du mois d'avril, et a valu, en décembre, 35 francs 34 centimes [3].

---

(1) Prescrit par décret du 4 mai. Les retardataires recevaient à domicile un ou plusieurs garnisaires qu'ils étaient tenus de nourrir, coucher et payer à raison de 3 fr. par jour.

(2) *Annuaire du Bureau des Longitudes.*

(3) Au marché du 28 de ce mois, il y eut sur place 8,000 hectolitres de grains, dont moitié en blé.

1816 (suite) Cette année, dite *des blés mouillés*, la récolte eut, comme en 1740, considérablement à souffrir de l'intempérie ; après avoir donné, jusqu'au moment de sa complète maturité, les plus belles espérances, elle fut très-gravement compromise par la survenance de pluies chaudes et persistantes qui durèrent du 20 juillet au 27 septembre. Les blés, ainsi que les orges et les avoines, furent en grande partie germés[1].

Malgré le mélange qui fut fait des blés de cette année avec ceux de la récolte précédente, pour en faciliter la mouture, les meuniers éprouvèrent encore de grandes difficultés pour arriver à donner satisfaction aux boulangers qui, de leur côté, eurent fort à faire, au pétrin et au four, pour en obtenir le pain qu'ils devaient livrer aux consommateurs « suffisamment cuit et mangeable. » La pâte acquérait si peu de consistance, qu'il arrivait souvent « qu'elle s'étalait au four, au point de réunir plusieurs pains ne laissant entre eux aucune trace de division[2]. »

1817 . . 36 fr. » c. l'hect. Pain 49 c. 1|2 le kil.

La hausse occasionnée par le mauvais *rendement* des grains de la précédente récolte a pro-

---

(1) Le poids de l'hectolitre de la première qualité des grains était : pour le blé, de 74 kil.; pour le seigle, de 68 kil. ; pour l'orge, de 60 kil., et pour l'avoine, de 45 kil.

(2) Mémoire au Maire, 23 mars 1817.

1817 (suite) gressé jusqu'au 31 mai ; au marché de ce jour, l'hectolitre de blé s'est vendu 57 francs 33 centimes, et le kilogramme de pain a été taxé à 78 centimes 3|4.

Il y eut cette année une récolte extraordinaire. « Le blé fut abondant, bien récolté et très-lourd [1]. » Néanmoins il ne diminua qu'insensiblement et valut encore 34 francs aux marchés de Noël.

1818   . . 25 fr. » c. l'hect.   Pain 34 c.   le kil.

1819   . . 22   »   —   29

« Hiver rigoureux, pendant lequel le thermomètre descendit à 15 degrés [2]. »

1820   . . 22 fr. 66 c. l'hect.   Pain 36 c.   le kil. [3]

« Hiver rigoureux ; le thermomètre est descendu à 14 degrés 3 dixièmes [4]. »

1821   . . 17 fr. 66 c. l'hect.   Pain 29 c.   le kil.

A valu en janvier 26 francs et n'a diminué qu'à partir du mois de mars.

1822   . . 16 fr. » c. l'hect.   Pain 27 c. 1|2 le kil.

Il gela si peu cet hiver que, l'été suivant, la glace valut, à Paris, jusqu'à 600 francs le quintal.

---

(1) Le poids de l'hectolitre, toile comprise, était de 81 kil. (mention faite en tête du registre des mercuriales de 1818).

(2) Relevé des *Grands Hivers*, précédemment cité.

(3) L'élévation de cette taxe eut pour cause la nécessité d'indemniser les boulangers des sacrifices qui leur avaient été imposés dans le cours des années précédentes.

(4) Relevé des *Grands Hivers*, précédemment cité.

1823   . . 17 fr. 33 c. l'hect.   Pain 27 c.   le kil.

L'insignifiante variation qui se remarque dans les prix de ces deux dernières années indique bien clairement que la douceur de la température, durant l'hiver précédent, ne nuisit en aucune façon aux récoltes en terre.

1824   . . 16 fr. 66 c. l'hect.   Pain 27 c.   le kil.

1825   . . 17   »   —   27   1|2

« Hiver rigoureux ; le thermomètre descendit à 14 degrés 3 dixièmes[1]. »

1826   . . 17 fr. 33 c. l'hect.   Pain 29 c.   le kil.

1827   . . 20   66   —   31

1828   . . 27   33   —   41

Ne valait encore que 22 francs au marché du 21 juin.

1829   . . 27 fr. 33 c. l'hect.   Pain 41 c.   le kil.

« L'hiver de 1829-30, fut rigoureux et long ; les routes restèrent couvertes de neige à l'état de glace pendant six semaines consécutives. Le thermomètre marqua 16 degrés 3 dixièmes et la Seine fut prise entièrement[2]. »

1830   . . 25 fr. 33 c. l'hect.   Pain 38 c.   le kil.

1831   . . 25   33   —   39

1832   . . 22   »   —   34   1|2

1833   . . 17   33   —   26   1|4

1834   . . 17   »   —   26   1|4

1835   . . 15   33   —   25   1|2

---

(1) Relevé des *Grands Hivers*, déjà cité.
(2) *Idem.*

1836   . . 16 fr. » c. l'hect.   Pain 26 c. 1|4 le kil.

« Hiver rigoureux, pendant lequel le thermomètre descendit à 17 degrés [1]. »

Les dégâts considérables causés les années
précédentes, par une prodigieuse quantité de
vers blancs, et la précoce, apparition d'un très-
grand nombre de hannetons appelèrent l'atten-
tion du Gouvernement : le Conseil général
alloua une somme de 3,000 francs, répartie en
primes de 100 francs, qui furent distribuées aux
trente personnes ayant justifié avoir détruit
« le plus d'*hectolitres* de ces insectes. »

Le maire, s'autorisant de la loi du 24 août
1790, prescrivit aux habitants, sous les peines
de droit, de détruire par tous les moyens en
leur pouvoir, les hannetons existant sur leurs
propriétés; et le domaine de l'Etat fut invité à
coopérer à cette destruction *sur toutes les li-
sières de bois avoisinant la commune* [2].

1837   . . 19 fr. 66 c. l'hect.   Pain 29 c.   le kil.
1838   . . 24   66   —   34   1|2

« Hiver rigoureux ; le thermomètre est descendu à 19 degrés [3]. »

1839   . . 28 fr. 66 c. l'hect.   Pain 42 c.   le kil.

Ne valait encore que 23 francs 33 centimes
au marché du 22 juin ; est monté à 29 francs

---

(1) Relevé des *Grands Hivers*, déjà cité.
(2) Séance municipale du 25 mars 1836.
(3) Relevé des *Grands Hivers*, déjà cité.

1839 (suite) **66 centimes au marché du 21 septembre.**
Des grêles fréquentes et presque universelles ont compromis cette année une forte partie de la récolte, qui promettait d'être abondante en toute espèce de grains.

1840 . . 23 fr. 33 c. l'hect. Pain 35 c. le kil.
« Le 15 décembre, jour de l'arrivée à Paris des cendres de NAPOLÉON Ier, le thermomètre descendit à 17 degrés ; la gelée, qui fut très-profitable aux grains et aux arbres, dura avec la même intensité jusqu'à la mi-février [1]. »

1841 . . 20 fr. » c. l'hect. Pain 33 c. le kil.
1842 . . 23   33 — 35
1843 . . 22   66 — 34
1844 . . 20   » — 32
1845 . . 23   33 — 35
1846 . . 29   » — 40

Vers la mi-juillet, les blés qui, jusque-là, avaient eu la plus belle apparence, furent en grande partie *foudrés* et maintenus près de terre par de fortes et fréquentes averses. En cet état, la coupe et le ramassage qui furent des plus difficiles, occasionnèrent par l'*écourtage* et l'*égrenage*, une perte telle que, « dans beaucoup de champs, il resta plus du double d'un ensemencement ordinaire [2]. »

1847 . . 25 fr. » c. l'hect. Pain 41 c. le kil.

---

(1) Relevé des *Hivers rigoureux*, déjà cité.
(2) Extrait de la *Revue agricole* de cette année.

1848	. .	17 fr. 33 c. l'hect.	Pain 28 c.	le kil.
1849	. .	16 66	— 28	
1850	. .	16 »	— 27	
1851	. .	14 »	— 27	
1852	. .	19 33	— 31	
1853	. .	33 66	— 45 [1]	

L'augmentation sensible qui s'opéra dès le mois d'août, dans le prix du blé, eut pour cause une *verse* presque générale, arrivée avant la parfaite maturité du grain, et qui donna aux champs de blé « l'aspect de prairies, émaillées particulièrement de coquelicots et d'aubifoins. »

1854	. .	27 fr. 66 c. l'hect.	Pain 45 c.	le kil.[2]
1855	. .	37 33	— 55 [3]	

Dans l'énumération des causes qui, cette année, accrurent encore la hausse des grains, se place en première ligne la précocité de l'hiver : « les froids étant venus avant que les jeunes pousses aient été assez fortes pour les supporter. » Viennent ensuite « les nombreuses alternatives de gelées et de dégels qui se prolongèrent jusqu'en avril, au grand détriment des blés, protégés jusque - là par l'*énorme* quantité de neige tombée dans le courant de

---

(1) N'était taxé à Paris que 40 c., au lieu de 47 c. prix réel.

(2) N'était taxé à Paris que 40 c., au lieu de 44 c. prix réel.

(3) N'était taxé à Paris que 50 c., au lieu de 56 c. prix réel.

1855 (suite) janvier et février [1] »; puis les orages, causes de
verses en beaucoup d'endroits ; les inondations
du Rhin et du Rhône, qui détruisirent, sur une
étendue considérable, les récoltes de toute nature ; enfin, les difficultés suscitées par l'abaissement de la température, dans la préparation
des semailles de printemps, à peine terminées
dans la première quinzaine de mai.

Afin de calmer les inquiétudes que faisaient
naître déjà l'incertitude du temps et le retarde-
ment de la moisson [2], le *Journal officiel* annon-
çait, sous la rubrique de Dunkerque, « qu'il
venait d'arriver dans le port de cette ville une
énorme cargaison de blé ; que la gare du chemin
de fer était encombrée de grains, et que le ma-
tériel était insuffisant pour opérer le transport
des céréales. » (*Echo agricole* et *Moniteur
universel* de février à octobre 1855.)

.Au résumé, « prise dans son ensemble, *la
récolte du blé a été médiocre.* »

1856   . . 3o fr. 33 c. l'hect.   Pain 47 c.   le kil.
« La cherté de ces trois dernières années a
« déterminé ce fait, inconnu jusque-là dans

---

(1) On a évalué à cent mille mètres cubes la quantité de neige et de glace
enlevées pendant les cinq premiers jours de ce mois, dans les seules rues de
Paris (*Journal officiel*).

(2) A la date du 25 juillet, le *Moniteur* recommandait vivement l'emploi
des *moyettes*, rappelant que « l'usage en est très-ancien ; que DUCARNÉ DE
BLANGY, qui écrivait en 1771, dit qu'on en faisait usage dans son canton
depuis plus de cent ans. »

1856 (suite) « l'histoire de notre population, d'un excédent
              « sensible des décès sur les naissances[1]. »

1857   . . 21 fr. » c. l'hect.   Pain 33 c.   le kil.
1858   . . 17   33   — 28
1859   . . 19   »   — 29
1860   . . 24   »   — 35
1861   . . 34   »   — 45

Vers la fin de mai, alors que le blé commençait à épier, un hâle excessif en arrêta le développement et changea sensiblement les magnifiques apparences de la récolte dont il n'y eut plus lieu d'espérer qu'un médiocre produit.

La peur grossissant les objets, le mal, comme toujours, fut exagéré : nombre de fermiers assez mal inspirés pour eux-mêmes, eurent le tort de laisser croire à un déficit plus considérable encore[2] et la hausse excessive produite par ces fausses données, détermina le Gouvernement à faire d'importants achats au dehors.

De son côté le commerce, qui entrevoyait de gros bénéfices, affréta de nombreux navires qui ne tardèrent pas à inonder nos ports de blés étrangers, dont le prix de revient amena

----

(1) Recherches sur les chertés locales ou générales (*Echo agricole* du 13 janvier 1864).

(2) Beaucoup assuraient que la récolte serait à peine d'une demi-année ordinaire, tandis que « le déficit n'a été réellement que de *trois dixièmes au plus* » (*Rapport officiel*, mai 1862).

1861 (suite) en peu de temps sur nos marchés une baisse de 10 à 12 francs par hectolitre.

La plupart des négociants, qui avaient opéré dans la pensée d'une véritable disette, eurent à supporter des pertes considérables, qui s'accrurent encore, pour quelques-uns, par les retards apportés dans les arrivages, en raison du mauvais état de la mer.

En cette année, comme en 1855 et 1856, beaucoup de villes, celle de Paris surtout, eurent à faire, pour venir en aide aux classes nécessiteuses, d'importants sacrifices qui grevèrent sensiblement leurs revenus.

Le cadre dans lequel j'entends renfermer mon travail ne me permettant ni d'énumérer ces sacrifices, ni d'indiquer les moyens de récupération auxquels ils ont donné lieu, je renvoie ceux-là qui prennent au sérieux l'importante question des subsistances, au journal l'*Echo agricole*[1] où sont consignés tous les faits se rattachant à cette longue crise alimentaire.

1862   . . 22 fr. » c. l'hect. Pain 34 c. le kil.
1863   . . 18   »   —   31 (taxe officieuse).

La récolte de 1863 devra être mise au nombre des plus abondantes tant sous le rapport du nombre de gerbes, qu'en raison de l'excellente qualité du grain dont le poids, offi-

---

(1) Voir années 1854, 1856 et 1861.

1863 (suite) ciellement constaté, n'avait pas été atteint depuis 1817.

La nouvelle dénomination donnée à la taxe du pain, m'oblige à entrer ici dans quelques détails au sujet de l'importante mesure à laquelle est due cette innovation

L'Administration gouvernementale en vue de généraliser la liberté du commerce de la boulangerie parisienne, proclamée par le décret du 22 juin de cette année, a invité les maires des départements à faire, dans leurs localités respectives, l'essai de cette liberté, « en substituant à la taxe obligatoire, et à titre de simple renseignement » une *taxe* OFFICIEUSE[1] *ne devant recevoir aucune publicité.*

Déférant à cette invitation, le Maire de Rambouillet prit à la date du 8 septembre un arrêté portant qu'*à partir du 15 de ce même mois, le pain cesserait d'être taxé dans la commune, et que la vente s'en ferait de gré à gré, entre le vendeur et l'acheteur.* Toutefois, par ces dispositions, l'Administration municipale conservait son droit de contrôle sur la panification, et les boulangers restaient astreints à l'affichage du prix de vente, au pesage et à la marque de leur pain.

---

(1) Cette taxe consiste dans la consignation du prix auquel *devrait être* vendu le pain d'après le cours officiel des farines.

1863 (suite) Mais ces sages restrictions ayant été jugées par l'autorité supérieure « incompatibles avec le régime d'une liberté entière et absolue[1] » le maire consentit à modifier son arrêté, et par de nouvelles dispositions, proclama « le commerce de la vente du pain, *entièrement libre* à Rambouillet »; octroyant ainsi aux boulangers, le droit exorbitant de cuire le pain comme bon leur semble, de le vendre facultativement au poids ou à la poignée, d'en exiger le prix qu'ils en veulent et de n'en pas cuire du tout s'il leur plaît.

Ici, comme il se voit, s'ouvre une ère nouvelle pour la boulangerie : « le pain, cet indispensable aliment de l'homme », qui de temps immémorial fut soumis à la *taxe*[2], se vend actuellement à prix débattu comme s'il s'agissait d'un objet de fantaisie ou de toute autre marchandise ordinaire.

1864 . . 18 fr. 5o c. l'hect. Pain 3o c. (taxe officieuse).

Encore bien qu'il ne se soit opéré qu'un changement insignifiant dans le prix du blé, il y a cependant lieu de constater que la dernière récolte « a été généralement de plus d'un tiers inférieure à celle précédente », et que ce n'est qu'à l'excédent considérable

---

(1) Circulaire préfectorale du 9 novembre.

(2) Voir *rapport* des appréciateurs (année 1742), et *sentence* du bailliage (année 1745).

1864 (suite) de 1863 que doit être attribué en partie, le maintien du bas prix dont souffre aujourd'hui l'agriculture.

La cause du mauvais état des blés de cette année, est clairement indiquée dans ce passage de l'*Echo agricole* du 7 mai :

« Les blés de saison dont les nombreuses
« clairières sont infestées d'herbes, ont un
« aspect fort peu satisfaisant, et dans la sup-
« position d'un avenir des plus favorables,
« l'on peut, dès à présent, prédire que *la*
« *récolte en sera de beaucoup au-dessous*
« *d'une année ordinaire.* Les réensemence-
« ments nécessités par le mauvais effet des
« premières gelées, ont été faits en blé de
« mars et orge, sur un *huitième au moins* des
« blés de toute provenance ».

En terminant mon travail je constate que jusqu'au jour où s'arrête ce *relevé*, il n'a été aucunement statué sur l'importante question du maintien ou de la suppression de la taxe : la boulangerie continue à jouir, à *Rambouillet*, de la franchise de toute réglementation malgré qu'il soit *administrativement* constaté qu'en cet état, le pain s'y est constamment vendu un prix supérieur à celui qu'il eût dû valoir d'après le cours officiel des farines de *première qualité.*

Voici, à ce sujet, ce que disait récemment M. le préfet de la Seine, dans son *rapport au Conseil général* :

« .... La liberté de la boulangerie, qui devait, disait-on,

« produire le bon marché du pain, grâce à l'influence de
« la loi économique de la concurrence, a donné précisé-
« ment le contraire : la suspension de la taxe, deman-
« dée par le Gouvernement aux administrations munici-
« pales, et respectueusement consenties par elles, afin
« de débarrasser de toute entrave la grande expérience
« qu'il s'agissait de tenter, n'a eu jusqu'à présent pour
« résultat que d'*affranchir la cherté de toute règle comme*
« *de tout frein* (*Moniteur universel*, 18 décembre 1864). »

Nonobstant ce résultat à peu près général, le Gouvernement, fort de l'excellence de ses intentions, n'en persé-
vère pas moins dans son épreuve, et paraît croire encore
à l'efficacité de son système de « LIBERTÉ ABSOLUE » :
est-ce un bien, est-ce un mal?..... l'avenir le dira.

Pour moi, qui ai le désir de mettre à profit les leçons
du long et difficile passé qui s'est déroulé sous mes yeux,
et qui, tout d'abord, crois devoir envisager l'importante
question des subsistances au point de vue élevé de la sécu-
rité publique, je n'hésite pas à dire que dans l'intérêt de
tous - les boulangers compris - il serait infiniment préfé-
rable de maintenir le sage principe de la taxe, en allouant
toutefois à ces utiles et laborieux industriels des frais de
cuisson suffisamment rémunérateurs de leurs rudes travaux, et en rapport aussi avec les prix actuellement élevés
du combustible, des loyers, du salaire des ouvriers, etc. Et
j'ai la ferme conviction qu'un tout autre ordre de choses
susciterait à l'Administration d'incalculables difficultés
devant inévitablement aboutir à de fâcheux résultats.

FIN.

RÉSUMÉ NUMÉRIQUE

PRIX ET POIDS

PRIX

PAR CHAQUE ANNÉE ET PAR PÉRIODE DÉCENNALE,

De l'hectolitre de BLÉ et du kilogramme de PAIN

De 1802[1] à 1864.

ANNÉE.	BLÉ.		PAIN.		ANNÉE.	BLÉ.		PAIN.	
	fr.	c.	fr.	c. m.		fr.	c.	fr.	c. m.
1802	27	5o	»	4o	1822	16	»	»	27,5
1803	16	65	»	26,5	1823	17	33	»	27
1804	12	66	»	23	1824	16	66	»	27
1805	19	»	»	27,5	1825	17	»	»	27,5
1806	20	»	»	29	1826	17	33	»	29
1807	19	33	»	28	1827	20	66	»	31
1808	15	33	»	27	1828	27	33	»	41
1809	13	»	»	22	1829	27	33	»	41
1810	19	33	»	27,5	1830	25	33	»	38
1811	24	»	»	34,5	1831	25	33	»	39
Prix moyen des dix années.					**Prix moyen des dix années.**				
	fr.	c.	fr.	c. m.		fr.	c.	fr.	c. m.
	18	**68**	**»**	**28,5**		**21**	**03**	**»**	**32,8**
	fr.	c.	fr.	c. m.		fr.	c.	fr.	c. m.
1812	32	»	»	47,5	1832	22	»	»	34,5
1813	23	67	»	35,5	1833	17	33	»	26
1814	18	»	»	28	1834	17	»	»	26
1815	19	33	»	3o,5	1835	15	33	»	25,5
1816	34	66	»	5o	1836	16	»	»	26
1817	36	»	»	49,5	1837	19	66	»	29
1818	25	»	»	34	1838	24	66	»	34,5
1819	22	»	»	29	1839	28	66	»	42
1820	22	66	»	36	1840	23	33	»	35
1821	17	66	»	29	1841	20	»	»	33
Prix moyen des dix années.					**Prix moyen des dix années.**				
	fr.	c.	fr.	c. m.		fr.	c.	fr.	c. m.
	25	**10**	**»**	**36,9**		**20**	**40**	**»**	**31** »

[1] Epoque de l'adoption du système décimal dans nos mercuriales.

SUITE DES PRIX

De l'hectolitre de BLÉ et du kilogramme de PAIN.

ANNÉE.	BLÉ.		PAIN.		ANNÉE.	BLÉ.		PAIN.	
	fr.	c.	fr.	c.		fr.	c.	fr.	c.
1842	23	33	»	35	1862	22	»	»	34
1843	22	66	»	34	1863	18	»	»	31
1844	20	»	»	32	1864	18	50	»	30
1845	23	33	»	35					
1846	29	»	»	40					
1847	25	»	»	41					
1848	17	33	»	28					
1849	16	66	»	28					
1850	16	»	»	27					
1851	14	»	»	27					

Prix moyen des dix années.

fr.	c.	fr.	c. m.
20	**73**	»	**32,7**

ANNÉE.	BLÉ.		PAIN.	
	fr.	c.	fr.	c.
1852	19	33	»	31
1853	33	66	»	45
1854	27	66	»	44
1855	37	33	»	55
1856	30	33	»	47
1857	21	»	»	33
1858	17	33	»	28
1859	19	»	»	29
1860	24	»	»	35
1861	34	»	»	45

Prix moyen des dix années.

fr.	c.	fr.	c. m.
26	**64**	»	**39,2**

MOYENNE GÉNÉRALE

de ces 60 années.

	fr.	c. m.
BLÉ (l'Hect.) . .	22	10
PAIN (le Kil.) . .	»	33,5

PRIX EXTRÊMES
PAR CHAQUE PARTIE DU RELEVÉ GÉNÉRAL.

PREMIÈRE PÉRIODE. — de 1539 à 1681.

BLÉ
(Le SETIER, *mesure de Chartres*).

PLUS BAS.	PLUS ÉLEVÉ.
(*Année* 1547) 1 l. 5 s.	(*Année* 1694) 27 l. 13 s.

DEUXIÈME PÉRIODE. — de 1682 à 1801.

| BLÉ | | PAIN | |
(Le SETIER, mesure de Rambouillet)		(La LIVRE ou le demi-kilogramme.)	
PLUS BAS.	PLUS ÉLEVÉ.	PLUS BAS.	PLUS ÉLEVÉ.
l. s.	l. s.	s. d.	s. d.
(1707) 6 »	(1709) 68 »	(1778) 1 11	(1795) 3 6

TROISIÈME PÉRIODE. — de 1802 à 1864.

| BLÉ | | PAIN | |
(L'HECTOLITRE.)		(LE KILOGRAMME.)	
PLUS BAS.	PLUS ÉLEVÉ.	PLUS BAS.	PLUS ÉLEVE.
fr. c.	fr. c.	fr. c.	fr. c.
(1804) 12 66	(1855) 37 33	(1809) » 22	(1855) » 55

POIDS OFFICIEL DU BLÉ

VENDU SUR LE MARCHÉ DE RAMBOUILLET
de 1826[1] à 1864.

L'Hectolitre de Blé (première qualité), pesait :
récolte de

1826.	78 k. 5 h.		1846.	77 k. 7 h.
1827.	76 5		1847.	75 7
1828.	77 »		1848.	77 1
1829.	78 3		1849.	75 »
1830.	76 7		1850.	77 5
1831.	79 »		1851.	79 »
1832.	76 6		1852.	76 7
1833.	77 5		1853.	80 »
1834.	77 »		1854.	76 »
1835.	78 »		1855.	78 »
1836	76 7		1856.	76 »
1837.	78 6		1857.	77 »
1838.	78 1		1858.	80 »
1839.	78 6		1859.	78 »
1840.	78 9		1860.	76 »
1841.	75 »		1861.	77 »
1842.	80 3		1862.	78 5
1843.	76 6		1863.	80 5
1844.	75 »		1864.	77 »
1845.	75 3			

(1) Ce n'est qu'à partir de 1826 qu'il a été procédé *administrativement*
au pesage des grains (voir *Circulaire ministérielle* de cette année.)

APPENDICE

SOMMAIRE DE L'APPENDICE.

APPENDICE

N° 1er.

1.   **CALENDRIER RÉPUBLICAIN.**

Mois (30 *jours*).

AUTOMNE	{ Vendémiaire. Brumaire. Frimaire.	PRINTEMPS	{ Germinal. Floréal. Prairial.
HIVER	{ Nivôse. Pluviôse. Ventôse.	ÉTÉ.	{ Messidor. Thermidor. Fructidor.

DÉCADE (10 *jours*).

Primidi. — Duodi. — Tridi. — Quartidi.— Quintidi.—
Sextidi.—Septidi.—Octidi. — Nonidi. —Decadi (jour férié).

JOURS COMPLÉMENTAIRES ou *Sans-Culottides :*

Premier, deuxième, troisième, quatrième, cinquième.

JOUR INTERCALAIRE.

Ce jour, ajouté à l'année *bissextile*, était nommé
sextidi *complémentaire* ou *sans-culottide.*

---

2.   **ÈRE DES FRANÇAIS.**

La Convention nationale en décrétant, le 5 octobre
1793, l'abolition de l'*ère vulgaire*, (c'est ainsi qu'était dé-
signée l'ère chrétienne), a fait compter l'ÈRE DES FRANÇAIS

du jour de la fondation de la République qui eut lieu
« le 22 SEPTEMBRE 1792, jour où le soleil est arrivé, cette
année, à l'équinoxe d'automne, » et a fixé le commencement de la première année républicaine à *minuit* séparant
le 21 du 22 de ce mois.

L'usage du calendrier *grégorien* fut rétabli par décret
impérial du 22 fructidor an XIII, à partir du 13 nivôse
suivant (1ᵉʳ janvier 1806).

N° 2.

(Année 1720, page 36)

TEXTES des Billets de la Banque dite de LAW [1].

1.   « N° **4,534,109.**   DIX *livres tournois.*

Division.

» La BANQUE promet payer au porteur, à vüe,
» DIX *livres tournois* en espèces d'argent, valeur
» reçüe.   A Paris, le premier juillet mil sept cens
» vingt.

« *Vû p^r le s^r* FENELLON,   « *Signé p^r le s^r* BOURGEOIS,
    « GIRAUDEAU. »   « DELANAUZE. »

Scellé d'un timbre sec.   « *Controllé p^r le s^r* DUREVEST
(*Sceau royal*).   » GRANET. »

2.   « N° **1,462,048.**   CINQUANTE *livres tournois.*

Division ordonnée par arrest du 2 septembre 1720.

» La BANQUE promet payer au porteur, à vüe,
» CINQUANTE *livres tournois* en espèces d'argent,
» valeur reçüe.   A Paris, le deuxième septembre
» mil sept cens vingt.

« *Vû p^r le s^r* FENELLON,   *Signé p^r le s^r* BOURGEOIS,
    « GIRAUDEAU. »   « DELANAUZE. »

Scellé   « *Controllé p^r le s^r* DUREVEST
(*Comme le précédent*).   « GRANET. »

NOTA. Le repère de la souche porte, *en grandes majuscules :*
BANQUE ROYALE.

---

(1) Les originaux de ces *très-rares* billets que je dois à la libéralité de
M. A. MOUTIÉ, sont annexés au manuscrit du présent relevé resté en ma
possession. (*Note de l'auteur*.

7

N° 3.

(Année 1788, page 52).

EXTRAITS des délibérations de l'Assemblée paroissiale de Rambouillet, relatives à la **GRÊLE** de cette année.

1. Séance du 10 septembre.

Présidence de M. LASLIER, *syndic de la municipalité.*

« Aux renseignements demandés par le bureau de
« Dourdan , *sur les ravages causés par la grêle du*
« 13 *juillet,* l'Assemblée arrête qu'il sera répondu :
« qu'il lui faudrait au moins quinze jours pour dresser
« l'état des pertes éprouvées par chacun des habitants ;
« que ce qu'elle peut assurer dès à présent, c'est que les
« TROIS QUARTS *de l'étendue de la paroisse ont été grêlés*
« TOTALEMENT, et que ce qui est resté de l'autre quart *ne*
« *valait pas les frais de moisson.* »

2. Séance du 6 octobre.

Même Présidence.

« Le bureau du département de Chartres ayant informé
« le syndic qu'il allait lui être envoyé un secours de
« 288 livres, destiné à l'achat de blé et de seigle à distri-
« buer aux laboureurs les plus nécessiteux, pour les ai-

« der dans leurs ensemencements, l'Assemblée arrête que
« cette somme sera employée à acheter douze setiers de
« grains, *blé* et *seigle,* qui seront ainsi répartis :

	BLÉ.		SEIGLE.		
	setiers	minots	setiers	minots	
A François MARCOU dit BOUDIN.	»	»	»	3	1|2
Jean-Baptiste GUIGNARD. .	1	»	»	2	
Jean LEBOUC	»	»	»	4	
Jean GATINEAU.	1	»	»	»	
Nicolas LAINÉ	»	»	»	2	
Veuve PRUNIER.	»	»	»	3	
Veuves REBOURS et GONDARD, par moitié	»	»	»	4	
Veuves LEFRANC et GARÇON, du Pâtis, par moitié. . .	»	»	»	4	
BOUCHER, aîné.	1	»	»	»	
MICHAU, fils.	»	»	»	2	1|2
Jacques BRÉANT	2	3	»	»	
	5	3	6	1	

Quantité égale. . .   12 *setiers.*

Nᵒ **4.**

(Année 1792, page 55).

EXTRAIT de la Loi Martiale (21 octobre 1789).

« Louis, par la grâce de Dieu et la loi constitutionnelle
« de l'État, Roi des François ; à tous présents et à venir,
« salut. L'Assemblée nationale a décrété, et nous voulons
« et ordonnons ce qui suit :

« L'Assemblée nationale, considérant que *la liberté
« affermit les empires, mais que la licence les détruit ;
« que loin d'être le droit de tout faire, la liberté n'existe
« que par l'obéissance aux lois*, etc., décrète :

« Article 1ᵉʳ. — Lorsque la tranquillité publique sera
« en péril, les officiers municipaux des lieux devront, en
« vertu des pouvoirs qu'ils ont reçus de la commune, dé-
» clarer que la force militaire doit être déployée à l'instant
« pour rétablir l'ordre, *à peine par ces officiers d'être
« responsables des suites de leur négligence ou de leur
« faiblesse.* »

« Art. 3. — Au signal seul du drapeau rouge, tous
« attroupements, avec ou sans armes, deviendront cri-
« minels et devront être dissipés par la force. »

« Art. 5. — Il sera demandé, par un des officiers mu-
« nicipaux, aux personnes attroupées, quelle est la cause
« de leur réunion et le grief dont elles demandent le re-
« dressement ; elles seront autorisées à nommer six d'entre
« elles pour exposer leurs réclamations et présenter
« leurs pétitions, et devront se séparer sur-le-champ. »

Art. 6. — « Faute par les personnes attroupées de se
« retirer, il leur sera fait, à haute voix, trois sommations.
« La première sera exprimée en ces termes : *Avis est*
« *donné que la loi martiale est proclamée, que tous*
« *attroupements sont criminels ; on va faire feu ! Que*
« *les bons citoyens se retirent.* **A** la deuxième et à la
« troisième sommation, il suffira de dire : *On va faire*
« *feu, que les bons citoyens se retirent.* »

« **Art.** 9 — Ceux qui échapperont aux coups de la force
« militaire seront punis d'un emprisonnement d'un an,
« s'ils étaient sans armes ; de trois ans, s'ils étaient ar-
« més, et de la peine de mort, s'ils sont convaincus d'a-
« voir commis des violences. »

Nº **5.**

(Année 1792, page 55).

ACTE d'Inhumation du Maire D'Etampes.

« L'an 1792, le 4 mars, a été inhumé, dans le cimetière
« de cette paroisse (*Saint-Bazile*), par moi, curé soussi-
« gné, le corps de *M. Jacques-Guillaume* SIMONNEAU,
« négociant et maire de cette ville, âgé de cinquante et un
« ans environ, décédé la veille, *pendant la tenue du*
« *marché au blé*, AU LIT D'HONNEUR, à la tête d'un détache-
« ment du 18ᵉ régiment (ci-devant Berry) et de la brigade
« de gendarmerie nationale de ladite ville, *dans un*
« *moment critique et en voulant faire respecter la loi.* »
Présents, etc.

Nᵒ **6.**

(Année 1792, page 56).

DÉCRET décernant les honneurs du Panthéon à l'héroïque
Maire d'Étampes (12 Mai 1792).

« L'ASSEMBLÉE NATIONALE, après avoir entendu la péti-
« tion d'un grand nombre de citoyens de Paris sur les
« honneurs à rendre à la mémoire de *Jacques-Guillaume*
« SIMONNEAU, maire d'Etampes, mort victime de son dé-
« voûment à la loi ;

« Considérant que la nation entière est outragée lorsque
« la loi est violée dans la personne d'un magistrat du
« peuple ; considérant de plus que le *Champ de la Fédé-*
« *ration* ¹ est le lieu le plus propre à rendre vraiment na-
« tional l'hommage que les représentants du peuple ont
« résolu de décerner à la loi, et empressée de répondre au
«. vœu qui lui a été manifesté, décrète ce qui suit :

« ARTICLE 1ᵉʳ. — Une cérémonie nationale, consacrée
« au respect de la loi, honorera la mémoire de *Jacques-*
« *Guillaume* SIMONNEAU, mort, le 3 mars 1792, *victime de*
« *son dévoûment à la patrie.*

« ART. 2. — Les dépenses de cette cérémonie seront
« acquittées par le trésor public.

---

(1) Ainsi fut nommé le *Champ de Mars,* à cause de la réunion des députés de toutes les gardes nationales et de l'armée qui vinrent y prêter
serment à la Constitution (14 juillet 1790).

« Art. 3. — Le Pouvoir exécutif fera ouvrir et dispo-
« ser le Champ de la Fédération pour la pompe qui doit
« y avoir lieu. Il donnera les ordres les plus prompts
« pour l'ordonnance de la cérémonie, fixée au premier di-
« manche de juin. L'Assemblée nationale y assistera par
« une députation de *soixante-douze* de ses membres.

« Art. 4. — Le cortége sera composé des magistrats
« nommés par le peuple, des différents fonctionnaires pu-
« blics et de la garde nationale.

« Art. 5. — Le Procureur général de la commune
« d'Etampes et le sieur Blanchet, citoyen de cette ville,
« *qui ont été blessés en prétant force à la loi*, et la *fa-*
« *mille* Simonneau, seront nommément invités à la céré-
« monie.

« Art. 7. — *L'écharpe de maire d'Etampes sera sus-*
« *pendue aux voûtes du* Panthéon français. »

N° **7.**

(Année 1793, *page* 63 *).*

EXTRAIT de la loi du 11 septembre 1793 [1]. — *Premier maximum.*

« La Convention nationale, etc.,

« Décrète :

« ARTICLE 1er. — Le prix du quintal, poids de marc [2], « de blé-froment, première qualité, ne pourra excéder . . . . 14 livres.

« ART. 2. — Le prix du quintal de la plus belle farine de froment, ne pourra excéder . . 20

Les articles 3, 4, 5, 6, 7, 8 et 9 fixent comme il suit, le prix du quintal des autres grains (toujours de première qualité) :

Méteil, moitié froment, moitié seigle. . . . 12
Seigle 10
Orge. 9
Sarrasin ou blé noir 7
Avoine. 14
Son 7

---

(1) Cette loi a été abrogée par celle du 4 nivôse an III (24 décembre 1794)
(2) 100 livres ou 50 kilogrammes.

N° **8.**

(*Année* 1795, AN IV *de la République, page* 65).

MERCURIALE « du samedi 1ᵉʳ ventôse an IV (20 février 1796) »

« **PRIX** des denrées vendues partie en *argent*, partie en
assignats ayant cours forcé. »

NATURE.	PRIX	
	En argent.	En assignats.
Blé-Froment (le setier).	de 27 à 30 l.	9,200 l.
Méteil *Id.*	de 24 à 27 l.	800 l.
Avoine (le minot).	de 42 à 54 s.	de 600 à 680 l.
Lentilles (le setier).	de 36 à 40 l.	de 10,500 à 12,000 l.
Fèves (*haricots*)*Id.*	de 24 à 30 l.	de 7,000 à 8,000 l.
Pois gris *Id.*	20 l.	4,400 l.
Vesce *Id.*	de 15 à 16 l.	3,200 l.
Beurre (la livre).	de 12 à 15 s.	140 l.
Chapons (la pièce).	3 l.	650 l.
Dindes *Id.*	de 6 à 7 l.	de 1,300 à 1,500 l.
VIANDE de BOUCHERIE		
Sur le marché (la livre).	8 s.	85 l.
En ville *Id.*	8 s.	100 l.

N⁰ **9.**

(Année 1795, ᴀɴ IV de la République, page 65).

TABLEAU de dépréciation des assignats [1] **d'après le cours moyen.
de chaque trimestre.**

L'*Assignat de 100 livres*, au *pair* en 1789, époque de sa création, valait en *argent* :

En 1790	Janvier . 96 l.	En 1793	Janvier . 51 l.
	Avril . . 94		Avril . . 43
	Juillet . 91		Juillet . 23
	Octobre. 91		Octobre. 28
1791	Janvier . 91	1794	Janvier . 40
	Avril . . 89		Avril . . 36
	Juillet . 87		Juillet . 34
	Octobre. 84		Octobre. 28
1792	Janvier . 72	1795	Janvier . 18
	Avril . . 68		Février . 14
	Juillet . 61		Mars . . 11
	Octobre. 71		

Postérieurement, **24** *livres* en *argent* représentaient en *assignats* :

1795	Avril . . 204 l.	1796	Janvier . 5,520 l.
	Juillet. . 893		Avril . . 6,104
	Octobre . 1,806		Juillet. . 8,137

---

(1) Créés par la 'oi du 21 décembre 1789, les *assignats* ont cessé d'avoir *cours forcé* du jour de la publication du décret du 29 messidor au ıv (17 *juillet* 1796).

N° **10.**

(Année 1812, *page* 71).

EXTRAIT du décret du 8 mai. — *Second maximum* [1].

« NAPOLÉON, etc..... Par notre décret du 4 de ce mois,
« nous avons assuré la libre circulation des grains dans
« tout notre Empire et défendu à tous nos sujets de se
« livrer à des spéculations dont les avantages ne s'ob-
« tiennent qu'en retirant, pendant un temps, les den-
« rées de la circulation, pour en opérer le surhausse-
« ment et les revendre avec de gros bénéfices. Nous
« avons également fixé les règles du commerce, prévenu
« la clandestinité, établi la police des marchés, de ma-
» nière à ce que tous les grains y soient apportés et ven-
« dus. Mais ces mesures salutaires ne suffisent pas ce-
« pendant pour remplir l'objet principal que nous avons
« en vue, qui est d'empêcher une hausse telle, que le
« prix des subsistances ne serait plus à la portée de toutes
« les classes de citoyens.

« Nous avons d'autant plus de motifs de prévenir cet
« enchérissement, qu'il ne serait pas l'effet de la rareté
« effective des grains, mais le résultat d'une imprévoyance

---

(1) L'article 6 de ce décret porte que son exécution ne pourra se pro-
longer au-delà de quatre mois à compter de sa publication.

« exagérée, de craintes mal entendues, de vues d'intérêt
« personnel, de spéculations de la cupidité, qui donne-
« raient aux denrées une valeur imaginaire, et produi-
« raient par une disette factice les maux d'une disette
« réelle.

« En conséquence, etc., Nous avons décrété et décré-
« tons ce qui suit :

« ARTICLE PREMIER. — Les blés, dans les marchés des
« départements de la Seine, *Seine-et-Oise*, Seine-et-
« Marne, Aisne, Oise et Eure-et-Loir, ne pourront être
« vendus à un prix excédant 33 francs l'hectolitre. »

« ART. 3. — Dans les départements qui s'approvision-
« nent hors de leur territoire, les préfets feront la fixa-
« tion du prix des blés, en prenant en considération les
« frais de transports ainsi que les légitimes bénéfices
« du commerce, etc. »

Nº **11.**

(*Année* 1812, *page* 72).

NOTE des sommes redues par la commune sur les prêts *gratuits* qui lui ont été faits pour l'aider dans les achats de grains destinés à la fabrication de pain devant être vendu à *prix réduit*.

« . . . . Il n'y a plus à rembourser sur les
« 6,000 fr. prêtés pour achats de blé, que. . 1,550 fr.
« à M. Dorliac. . . . .   300 fr. .
« à M. De La Motte   200
« à M. Besnard   100
« à M. Laisné.   100
« à M. Berthelot.   200
« à Mme Dessommes   150
« à M. Fourneau   100
« à M. Delorme. . . · . . .   200
« et à M. Renou.   200

SOMME ÉGALE. 1,550 fr. ci. 1,550 fr.

NOTA. L'original de cette note est joint au registre des mercuriales de l'année 1813.

N⁰ **12** et dernier.

TABLEAU des Maire, Adjoints et Conseillers municipaux, en fonctions à l'époque de la publication de ce Relevé (*décembre* 1865).

MM.

MAIRE [1]   MAUQUEST DE LA MOTTE (Félix-Alexandre-Constant), ✻ avoué.

ADJOINTS   { FOURNIER (Louis-Joseph), docteur-médecin.
{ CHASLES (Jules-Amilcar), notaire.

CONSEILLERS
RATTIER (Jean-Brutus), propriétaire.
MASSON (François-Marie-Victor), brasseur.
VOIRIN (Charles-Antoine-Edouard), propriétaire.
MONTANDON (Louis-François), ✻ manufacturier.
LEFEBVRE (Fr.-D.-Et.), propriét., maître de poste.
MASSON (Michel-Jean-Baptiste), avoué.
LANDREAU (Raymond), entrepreneur de bâtiments.
PERCHERON (Auguste), juge honoraire.
GUYOT-SIONNEST (Eugène), propriétaire.
RAYNAL (Francois-Auguste), libraire.
MARIÉ (Adolphe), notaire.
DAURIER le Baron (Jean-Baptiste-Auguste) ✻, directeur des Bergeries impériales.
BARY (Stanislas-Casimir), maître d'hôtel.
HÉBERT (Jean-Pierre), chef d'institution.
HUARD (Christophe-Gérard, propriétaire.
MAILLARD (François-Antoine), cultivateur.
BESNARD (Augustin-Joseph-Julien), propriétaire.
JOLY (Charles), architecte, premier inspecteur des bâtiments de la Couronne.

(1) Le Maire et les Adjoints qui, aux termes de la loi de 1855, pouvaient être pris en dehors du Conseil, en avaient été *préalablement élus* membres *à la presque unanimité.*

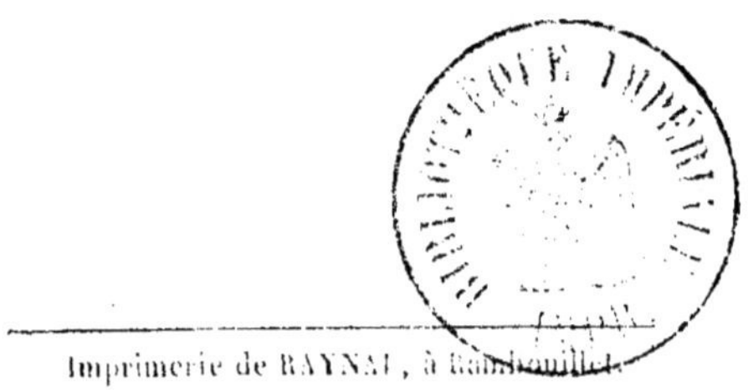

Imprimerie de RAYNAL, à Rambouillet.